westermann

W0226253

Stark in... 2

Medien

geschrieben von

Simone Günther

Dr. Andreas Methner

Stark in Medien 2

geschrieben von
Simone Günther
Dr. Andreas Methner

Bildquellenverzeichnis
|Alamy Stock Photo, Abingdon/Oxfordshire: Daniel Chetroni 19.3; Obraztsov, Ihor 49.1. |Alamy Stock Photo (RMB), Abingdon/Oxfordshire: Wavebreak Media ltd 27.3. |Bredol, Martin Heinrich, Seeheim-Jugenheim: 5.3. |datenschutz cert gmbH, Bremen: 37.4. |EHI Retail Institute e.V., Köln: 37.3. |fotolia.com, New York: al62 19.2; cirquedesprit 27.1; Dan Race 5.4; lassedesignen 27.5; Philetdom 19.7; Rolf Langohr 10.2; Syda Productions 47.1. |Google Inc., Hamburg: 29.1. |Günther, Simone, Radolfzell am Bodensee: 10.3, 13.2, 13.3, 13.4, 38.1, 54.1. |Hild, Claudia, Angelburg: 19.9. |Imago, Berlin: Brettmann, Margit 29.2; Countrypixel 10.1. |Kampwerth, Maria, Harsewinkel: 44.2. |Karto-Grafik Heidolph, Dachau: 29.3. |Kranenberg, Hendrik, Drolshagen: 5.1, 7.1, 7.2, 7.3, 7.4, 7.5, 14.1, 14.2, 14.3, 14.4, 14.5, 14.6, 14.7, 14.8, 14.9, 14.10, 14.11, 34.1, 40.1, 41.1, 45.1. |Microsoft Deutschland GmbH, München: 13.1, 16.1, 17.1, 17.2, 18.1, 18.2, 18.3, 19.1, 19.10, 20.1, 21.1, 22.1, 22.2, 23.1, 23.2, 24.1, 24.2, 25.1, 34.2, 37.1, 44.1, 44.3, 49.6, 50.1, 55.1, 55.2, 55.3. |Naumann, Andrea, Aachen: 19.5. |Nextcloud GmbH, Berlin: 50.2, 50.3. |ORA Software GmbH, Mannheim: 46.1. |Picture-Alliance GmbH, Frankfurt a.M.: dpa Themendienst/Marks, Silvia 8.1; dpa/Stratenschulte, Julian 9.1; picturedesk.com/Schöndorfer, Karl 30.1. |plainpicture, Hamburg: DEEPOL by plainpicture/Phil Boorman Titel. |Shutterstock.com, New York: 49.2, 49.3, 49.4, 49.5, 50.4, 56.1, 56.3; filborg 27.6; FocusStocker 19.6; Mark, Oleksiy 19.4; tmicons 48.6, 51.2, 56.2. |stock.adobe.com, Dublin: chekman 48.2; DDRockstar 48.5; Ernst, Daniel 5.2; ferkelraggae 27.4; gillsans 49.7; oxilixo 15.1; oxinoxi 48.1; rcfotostock 19.8; Steiner, Carmen 33.1; vexworldwide 48.3; Weissblick 27.2. |Süddeutsche Zeitung - Photo, München: Sumpf, Stephan 48.4. |Trusted Shops GmbH, Köln: 37.2. |© WEB.DE / GMX, Karlsruhe: 52.1, 52.2, 53.1.

westermann GRUPPE

Druck A[1] / Jahr 2021
Alle Drucke der Serie A sind im Unterricht parallel verwendbar.

Redaktion: Martin H. Bredol, Seeheim-Jugenheim
Illustrationen: Hendrik Kranenberg, Drolshagen
Layout und Umschlaggestaltung: Janssen Kahlert Design & Kommunikation, Hannover
Druck und Bindung: Westermann Druck GmbH, Georg-Westermann-Allee 66, 38104 Braunschweig

ISBN 978-3-507-**32687**-3

Inhalt

Einleitung

Liebe Schülerin! Lieber Schüler!

Dieses Lern- und Arbeitsheft soll dir dabei helfen, mit Medien zu arbeiten und diese sinnvoll einzusetzen. Für die Arbeit mit diesem Heft benötigst du an vielen Stellen einen Computer. Dann steht ganz oben auf der Seite das Zeichen, das einen PC zeigt. Wenn du einen Text oder Zahlen an deinem PC eingeben sollst, stehen diese Zeichen im Heft in eckigen Klammern: [Text]

Die orange gefärbten Auftaktseiten stimmen dich auf das jeweilige Thema ein. Die Bilder dort machen neugierig und vermitteln dir Wissen zum jeweiligen Thema.

Auf den folgenden Seiten erarbeitest du dir selbst den Stoff mithilfe von kurzen Texten und sehr unterschiedlichen Aufgabenstellungen. Kleine Symbole zeigen dir dabei, wie du die Aufgaben lösen sollst.

Am Schluss eines jeden Kapitels gibt es eine Kompaktseite. Sie hilft dir, das erworbene Wissen zusammenzufassen.

Diese Zeichen findest du vor den Aufgaben. Sie bedeuten:

Schreibe etwas auf.

Arbeite mit dem Computer. Manchmal musst du Informationen im Internet suchen.

Arbeite mit einer Partnerin oder einem Partner.

Arbeitet gemeinsam in der Gruppe.

Erzähle oder berichte von etwas. Manchmal musst du auch über etwas nachdenken oder zu etwas Stellung nehmen.

Wenn du nach einem Begriff suchst, kannst du diesen im Stichwortverzeichnis auf Seite 57 suchen. Die Seitenzahl führt dich auf die Seite, auf der sich der gesuchte Begriff findet.

Webcode
WES-32687-202
Video
Animationen
verbinden

Gib die Kombination aus Buchstaben und Zahlen unter www.westermann.de ein.
Dann kannst du dir eine Vorlage aus dem Buch herunterladen.
Andere Webcodes führen zu einem kurzen Video.
Probiere die Webcodes einfach aus!

Viel Spaß beim Lernen und bei der Arbeit am Computer!

Sicher mit Medien umgehen

①

②

③

④

1 Notiere, was dir spontan zu den Bildern einfällt

① ____

____

② ____

____

③ ____

____

④ ____

____

Soziale Netzwerke

Die Plattformen Instagram, Snapchat und TikTok

Für einen Account bei Instagram, TikTok oder Snapchat muss man mindestens dreizehn Jahre alt sein. Das Alter wird beim Einrichten des Accounts abgefragt. Bei der Einrichtung muss man auch seinen richtigen Namen angeben und ein Passwort hinterlegen.

Hat man auch einen Facebook-Account, so werden die Altersangaben mit dem Instagram-Account verknüpft.

Auf allen Plattformen darf man nur eigenes Bildmaterial hochladen, für das man die Rechte besitzt (siehe dazu S. 10).

Alle drei Plattformen verdienen Geld damit, dass sie den Nutzerinnen und Nutzern Werbung anzeigen.

Wird gegen Regeln verstoßen, wird der Account von der Plattformen zeitweilig gesperrt oder ganz gelöscht. Es ist jederzeit möglich, dass man selbst seinen Account löscht.

Vergleich von sozialen Medien im Hinblick auf den Datenschutz:

Instagram	Snapchat	TikTok
• nutzt deine Daten, um auf dich abgestimmte Werbung anzuzeigen • erhält bei deiner Einrichtung des Accounts die Erlaubnis, deine Daten zu nutzen • gibt Informationen über dein Nutzungsverhalten an Facebook weiter • wertet dein Nutzungsverhalten aus • hat die Erlaubnis, deine Bilder in der App anzuzeigen	• nutzt deine Daten, um auf dich abgestimmte Werbung anzuzeigen • erhält bei deiner Einrichtung des Accounts die Erlaubnis, deine Daten zu nutzen • weiß genau, was du hochlädst und wie du mit wem Kontakt hast • gibt dein Nutzungsverhalten auch an andere Unternehmen weiter	• nutzt deine Daten, um auf dich abgestimmte Werbung anzuzeigen • gibt deine Daten an andere Unternehmen weiter, ohne dass du es merkst • wertet dein Nutzungsverhalten aus und weiß, was du mit wem teilst • registriert Informationen rund um dein Handy (Hersteller, Vertragspartner, ...)

1. Besprecht euer Nutzungsverhalten in der Klasse: Auf welchen sozialen Netzwerken seid ihr angemeldet?

2. Sammelt Vor- und Nachteile, die ihr in der Nutzung von sozialen Netzwerken seht. Schreibt sie in die Tabelle.

Nutzung von sozialen Netzwerken Vorteile	Nutzung von sozialen Netzwerken Nachteile

Messengerdienste

Info

Messenger-Apps
WhatsApp, Signal oder Telegram sind nur einige von vielen Apps für Instant Messaging (übersetzt: sofortige Nachrichtenübermittlung).
Alle Messengerdienste setzen ein Mindestalter voraus. Dies kann sich von Anbieter zu Anbieter unterscheiden. Viele soziale Netzwerke bieten auf ihren Plattformen ebenfalls integrierte Messenger an.
Textnachrichten, Fotos, Sprachnachrichten und auch Videos können per Messengerdienst versendet werden – sowohl an einzelne Personen als auch an Gruppen. Ebenso sind über viele Messengerdienste Telefonate und Videoanrufe möglich. In den Einstellungen kann festgelegt werden, wie lange Nachrichten, Fotos und Videos angezeigt werden sollen. Diese Einstellungen können für einzelne Gruppen und Personen unterschiedlich eingestellt werden. Über die Datenschutzeinstellungen kann ein Nutzer oder eine Nutzerin festlegen, welche Personen mit ihm oder ihr Kontakt aufnehmen können. Daneben bieten die Messenger die Möglichkeit, ausgewählte Kontakte stets auf dem Laufenden zu halten. Diese Funktion heißt „Status“ oder „Story“. Diese Nachrichten verschwinden nach 24 Stunden wieder.

1 Sammelt in der Klasse Informationen: Welche Messengerdienste nutzt ihr?

____

2 Recherchiert, welche Altersbestimmungen drei der von euch genutzten Messengerdienste haben und welche Voraussetzungen erfüllt sein müssen, um sie nutzen zu können.

Name des Messengerdienstes	Mindestalter	Anmeldevoraussetzungen

3 Untersucht euren Messengerdienst und tauscht euch über sinnvolle Datenschutzeinstellungen aus.

4 a) Betrachte das Profil einer fremden Person. Notiere, was du über die Person erfährst.

b) Überlegt, welche Informationen aus dem Profil (und der Story/dem Status) dieser Person jemand nutzen könnte, der dieser Person Schaden zufügen möchte, z. B. ein Einbrecher.

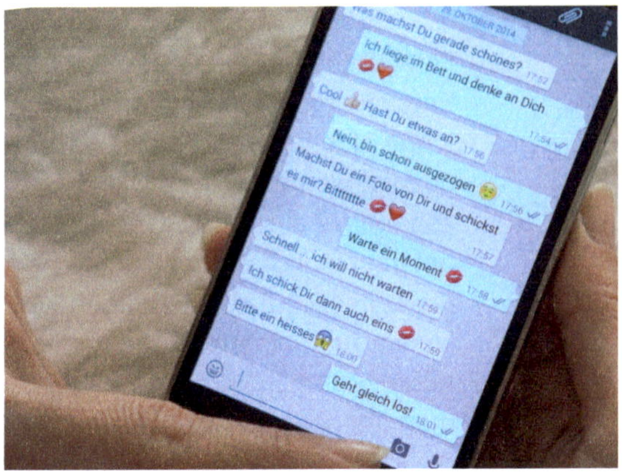

Eine Situation wie auf dem Foto haben viele Jugendliche schon erlebt. Wer sehr verliebt ist, lehnt so einen Wunsch nicht ab und schickt dem Freund oder der Freundin ein Selfie, auf dem intime Details zu sehen sind. Man spricht dann von „Sexting“. Die beiden englischen Wörter „sex“ und „texting“ sind dabei zu einem Wort zusammengezogen worden. Damit bezeichnet man das Senden und Empfangen von Nacktfotos per Messenger-App.

Ist ein Bild erst einmal versendet, hat der Sender keine Kontrolle mehr über sein Bild. Umso wichtiger ist es, sich vorher zu überlegen, ob der Empfänger vertrauenswürdig ist. Der Empfänger kann es abspeichern, anderen zeigen und auch weiterverschicken. Wird ein Bild ohne ausdrückliche Erlaubnis weitergeschickt, ist dies eine Straftat.

Sexting ist – geht man überlegt damit um – grundsätzlich nichts Schlechtes. Das gilt aber nur, wenn es im Einvernehmen von Sender und Empfänger stattfindet, beide mindestens 14 Jahre alt sind und die Bilder beispielsweise von beiden nach kurzer Zeit gelöscht werden.

Missbräuchliches Sexting

Wenn dich jemand damit erpresst, ein Nacktbild von dir zu veröffentlichen, ist das eine Straftat. Gehe in diesem Fall am besten sofort zur Polizei und erstatte Anzeige. Auf keinen Fall solltest du auf die Forderungen des Täters oder der Täterin eingehen, da die Bilder meistens sowieso veröffentlicht werden. […]

Falls bereits intime Selfies von dir im Internet kursieren, solltest du sofort die Personen kontaktieren, die sie veröffentlicht haben, und sie dazu auffordern, die Aufnahmen zu löschen. In sozialen Netzwerken, wie z. B. Facebook oder Instagram, kannst du unangemessene Bilder an die Seitenbetreiber melden. […] In sozialen Netzwerken solltest du den Benutzer bzw. die Benutzerin blockieren und melden. Wenn du die Bilder per SMS oder WhatsApp bekommst, sperre die Nummer.

Tipp: Speichere deine Nacktfotos nie im Internet (z. B. in der Dropbox oder Cloud), da diese Speicher nicht sicher sind. Wenn du deine Sexting-Bilder archivieren möchtest, dann tu das am besten auf einer externen Festplatte oder einem USB-Stick.

(Quelle: www.profamilia.de/fuer-jugendliche/sex/sexting; Abruf: 26.07.2021; © pro familia Deutsche Gesellschaft für Familienplanung, Sexualpädagogik und Sexualberatung e.V., Frankfurt/Main)

1 Recherchiere im Internet unter www.handysektor.de, was der Begriff „Sextortion“ bedeutet.

❷ Überlegt euch Bedingungen, die erfüllt sein sollten, damit Sexting mit hoher Wahrscheinlichkeit nicht zur Gefahr wird. Notiert die Bedingungen.

___

___

___

❸ Vervollständige die Sätze.

Unter Sexting versteht man, ___

___

Unter Sextortion versteht man, ___

___

Der Fall Laura: Cybermobbing mit sexy Selfies

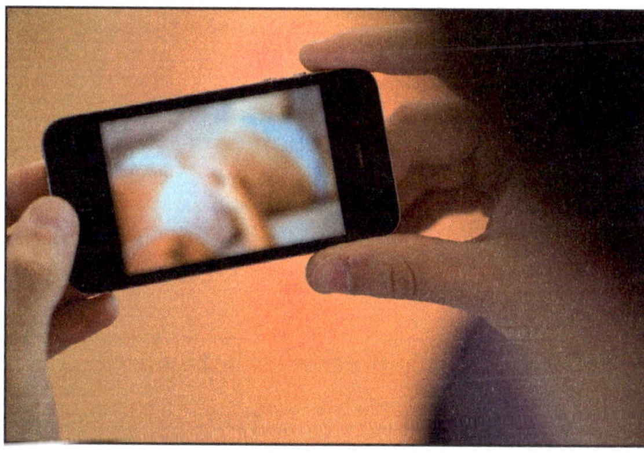

Laura hat gestern Abend ihrem Freund Abdul im Vertrauen sexy Bilder von sich gesendet.
Abdul hat die Bilder sofort stolz seinen Freunden gezeigt und auch seinem großen Bruder die Bilder geschickt.
In der Schule sprechen heute alle über Lauras Bilder. Laura schämt sich unendlich. Sie möchte sofort nach Hause und nie wieder das Haus verlassen.

❹ Recherchiere im Internet (z. B. unter www.juuuport.de), welche Möglichkeiten es gibt, mit Cybermobbing umzugehen.

❺ Überlegt gemeinsam: Was könnte Laura jetzt machen? Wer kann ihr helfen? Formuliert Ratschläge für Laura.

___

___

___

___

___

___

Das Urheberrecht gilt immer

Urheberrecht

Wenn Du selbst ein Gedicht schreibst und es beispielsweise auf einer Seite im Internet veröffentlichst, darf niemand das Gedicht ohne deine Zustimmung veröffentlichen. Du bist der Urheber des Textes.

Auch Kunstwerke, Bilder und Musikstücke haben Urheber. Bilder und Texte, die in Büchern oder im Internet veröffentlicht werden, sind urheberrechtlich geschützt. Allein der Urheber entscheidet darüber, wie sie verwendet werden dürfen. Das Recht der Urheber ist im Urheberrechtsgesetz geregelt.

Das Urheberrecht und das Recht am eigenen Bild

Hat ein Fotograf ein Foto gemacht, auf dem andere Menschen zu sehen sind, kann er dieses Foto nur veröffentlichen, wenn die abgebildeten Personen damit einverstanden sind.

Jede Person hat das Recht am eigenen Bild, das ist ein Gesetz. Für den Urheber eines Fotos mit Personen bedeutet dies, dass er vor der Veröffentlichung die ausdrückliche Erlaubnis der erkennbaren Personen einholen muss. Diese Regelung gilt auch bei der Verwendung des Fotos in einem Messengerdienst oder in einem sozialen Netzwerk.

1 Stimmt die Aussage oder stimmt sie nicht? Kreuze an.

Aussage	stimmt	stimmt nicht
Bilder, die man nur privat weiterverschickt, darf man auch ohne Erlaubnis des Urhebers versenden.		
Sobald man Menschen auf Bildern erkennen kann, darf der Urheber nur mit Erlaubnis der Personen auf dem Bild sein Foto veröffentlichen.		
Ohne meine Erlaubnis darf ein Foto von mir nicht veröffentlicht werden.		
Für Musik gelten andere Rechte, MP3s darf ich an Freunde weitergeben.		

2 Sie die dir Fotos A-C genau an. Welche Bilder darf der jeweilige Fotograf frei veröffentlichen? Begründe kurz deine Antwort.

Ⓐ ____________________

Ⓑ ____________________

Ⓒ ____________________

Info

Urheberrecht in der Schule
Wenn du zum Beispiel für ein Plakat ein Foto aus einem Buch und eins aus dem Internet verwendest, musst du angeben, wo du die Fotos gefunden hast. Einen solchen Hinweis bezeichnet man als Quellenangabe. Aus dieser Angabe muss genau hervorgehen, woher das Bild stammt und wo es zu finden ist. Wenn es dir möglich ist, verwende am besten eigene Bilder, dann bist du der Urheber.

Auch Texte darf man nicht einfach kopieren. Stammt ein Text von einem anderen Autor oder einer Autorin, muss dieser Text ebenfalls mit einer Quellenangabe versehen werden.

Wenn du nur einzelne Sätze aus einem Text wörtlich zitierst, musst du diese Textteile in Anführungszeichen setzen und die Quelle genau angeben.

Quellenangaben richtig machen

So zitierst du eine Quelle aus dem Internet:

https://kinder.wdr.de/tv/neuneinhalb/mehrwissen/lexikon/u/lexikon-urheberrecht-100.html (09.01.2021)

So zitierst du eine Quelle aus einem Buch oder einer Zeitschrift:

Morton Rhue: Die Welle, Ravensburg 1997, S. 28

1 Verbinde die Begriffe links mit den passenden Texten rechts mit Linien.

Zitate	... bedürfen keiner Kennzeichnung, man kann sich jedoch auch selbst angeben.
Internetquellen	... werden mit „...“ gekennzeichnet sowie mit allen Informationen, die man braucht, um sie in dem Urheberwerk wiederfinden zu können.
Quellen aus einem Buch oder einer Zeitschrift	... werden immer so genau wie möglich angegeben, sodass man die Quelle genau wiederfinden könnte im Urheberwerk.
Eigene Fotos	... müssen mit der Adresse und dem Tag, an dem man den Inhalt gefunden hat, benannt werden, da Inhalte dort jederzeit verändert werden können.

Kompakt

1 In dem Rätsel verbergen sich Begriffe, die du in diesem Kapitel gelernt hast. Sieh auf den Seiten nach, falls dir ein Wort nicht sofort einfällt.

1.
2.
3.
4.
5.
6.
7.
8.
9.
10.

1. Verschicken und Austauschen von Nacktaufnahmen
2. Muss man beim Starten eines Messengerdienstes immer angeben
3. Recht am eigenen Text oder Bild
4. Soziale Netzwerke bezeichnet man auch als …
5. sexy Fotos werden als Druckmittel genutzt
6. Unter diesem Menüpunkt legst Du bei einem sozialen Netzwerk fest, was mit deinen persönlichen Daten passiert
7. Bezeichnung auf Englisch für ein Benutzerkonto
8. Muss man einholen, bevor man z. B. ein Bild von der betreffenden Person veröffentlicht.
9. Damit können Textnachrichten, Fotos, Videos und Sprachnachrichten versendet werden.
10. Wenn du einen Text oder ein Bild aus dem Internet verwendest, musst du die daruntersetzen

2 Schätze dich selbst ein und kreuze an.

Ich kann …	So schätze ich mich ein:
unterschiedliche soziale Netzwerke im Hinblick auf ihren Umgang mit meinen Daten bewerten.	☹ 😐 ☺
den Unterschied zwischen Sexting und Sextortion erklären.	☹ 😐 ☺
wichtige Fakten des Urheberrechts mit eigenen Worten benennen.	☹ 😐 ☺

Den Computer für Präsentationen nutzen

① 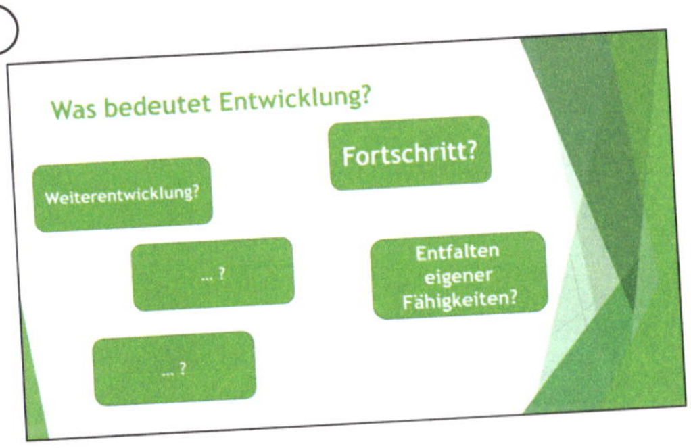

② 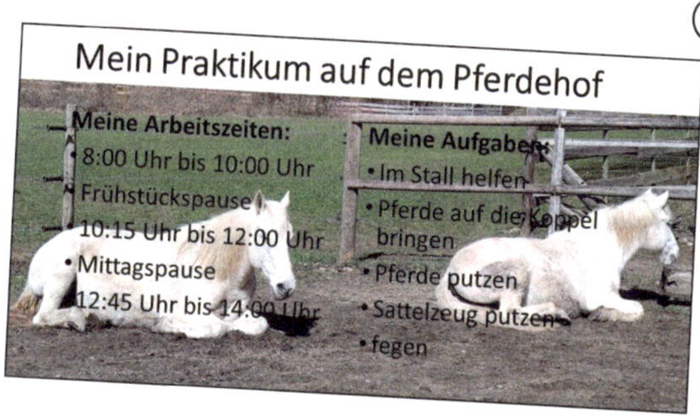

③ 

④ 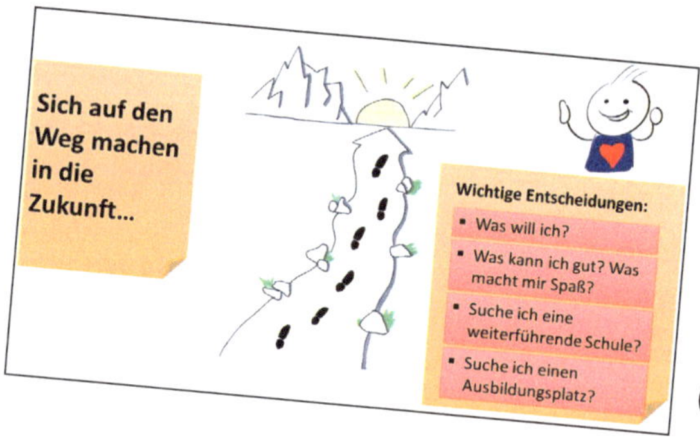

1 Sieh dir die vier Präsentationsfolien an. Was fällt dir dazu spontan ein? Notiere.

____

____

2 Sammelt eure Eindrücke und entscheidet, welche Elemente ihr auf den Folien gelungen findet und welche nicht.

gelungen: ____

____

nicht gelungen: ____

____

3 Vergleicht eure Ergebnisse in der Klasse und einigt euch auf fünf Punkte, an denen man eine gut gemachte Präsentationsfolie erkennen kann.

____

____

Präsentieren mit dem Computer

Wenn du einen Vortrag in der Schule halten sollst, kannst du den Vortrag auf unterschiedliche Weise unterstützen. Ein Präsentationsprogramm stellt nur eine Möglichkeit dar, einen Vortrag mit Anschauungsmaterial zu bereichern. Auch mit einem Plakat oder mit Folien kannst du bei einem Vortrag bestimmte Inhalte wie Bilder oder Tabellen zur besseren Orientierung deinen Zuhörern zeigen.

1. Jede Form der Präsentation benötigt bei der Vorbereitung Zeit und Materialien. Was benötigst du für welche Präsentation? Verbinde jede Präsentationsform mit den zugehörigen Materialien. Verwende dazu verschiedene Farben.

2. Fallen dir noch weitere Materialien ein? Trage sie in die freien Zeilen ein.

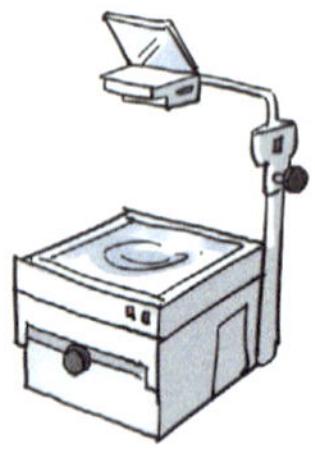
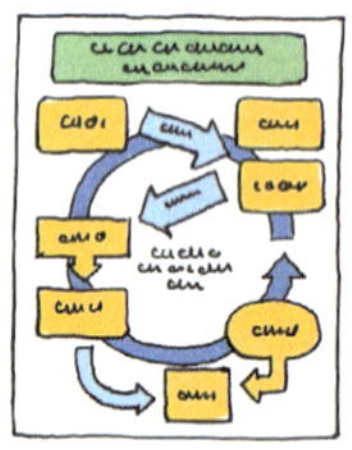

Mithilfe eines Präsentationsprogramms kannst du deinen Vortrag besonders interessant und abwechslungsreich gestalten. Über einen Beamer oder am Smartboard können deine Zuhörer deine Präsentation verfolgen.

Um eine Bildschirmpräsentationen zu erstellen, benötigst du eine spezielle Software. Das bekannteste Präsentationsprogramm ist PowerPoint von der Firma Microsoft. Es gibt aber auch im Internet zahlreiche Präsentationsprogramme, die du entweder kostenlos oder für einen geringen Preis herunterladen kannst. Dazu zählen: OpenOffice Impress, Prezi, Google Slides, Deckset oder Keynote. Diese Programme stellen gute Alternativen zum Marktführer PowerPoint dar.

3. Sprecht in der Klasse darüber, welche Präsentationsprogramme ihr kennt, und berichtet von euren Erfahrungen.

Microsoft PowerPoint und andere Präsentationsprogramme arbeiten mit Seiten, die man Folien nennt. Die einzelnen Folien werden nacheinander angezeigt. Du kannst auf jeder Folie Texte, Tabellen und Grafiken einfügen und sogar Videos und Musik einbinden.

Die Inhalte der Folien sollen deine Aussagen bei einem Vortrag veranschaulichen und das Interesse deiner Zuhörer auf deinen Vortrag lenken.

Tipp

Grundregeln beim Erstellen einer Präsentation

- Halte deine Folien übersichtlich. Schreibe nicht alles auf deine Folien, was du erzählst. Verwende Stichpunkte statt ganzer Sätze.
- Schreibe groß! Damit jeder im Raum deine Präsentation gut lesen kann, sollte die Schriftgröße nicht kleiner als 28 Punkt sein. Gleichzeitig sorgt diese Regel dafür, dass du die Folie inhaltlich nicht überfüllst.
- Achte darauf, dass man deine Schrift auf dem Hintergrund, den du verwendest, gut lesen kann.
- Verwende bei Aufzählungen nicht mehr als sechs Gliederungspunkte auf einer Folie.
- Teste deine Folien auf gute Lesbarkeit. Gehe einfach drei Meter von deinem Notebook oder fünf Meter von deinem Bildschirm weg. Wenn du die Folien gut lesen kannst, können es später deine Zuhörer in der letzten Reihe ebenfalls gut lesen.
- Bilder sagen mehr als tausend Worte. Nutze Bilder, um deine Aussagen im Vortrag zu unterstreichen.

Eine Folie aus einer Präsentation über Hunderassen

1. Sprecht darüber, ob es sich bei dem Beispiel um eine gute oder schlechte Folie handelt.

2. Erstelle auf einem Blatt eine Skizze der Folie, die zeigt, wie man es besser machen könnte.

Der erste Schritt: ein passendes Layout wählen

Du lernst auf den nächsten Seiten, wie du eine neue Präsentation erstellen kannst. Nach dem Start des Präsentationsprogramms auf deinem PC öffnet sich eine voreingestellte, meist weiße Folie. Den Inhalt und das Aussehen der Folie kannst du für deine Zwecke beliebig gestalten.

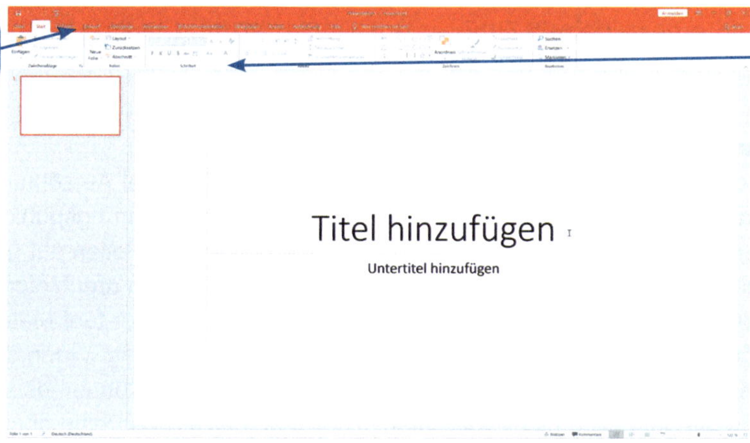

Diese Ansicht erscheint nach dem Starten von Microsoft Powerpoint.

Info

Layout
Das Erscheinungsbild einer Seite oder Folie bezeichnet man als Layout.

Tipp

Konzentriere dich mehr auf den Inhalt deiner Präsentation als auf das Aussehen deiner Folien!

Wenn du mit der linken Maustaste in den Text klickst, kannst du einen eigenen Text verfassen. Ähnlich wie bei einem Schreibprogramm kannst du unter anderem die Schriftart, die Schriftgröße und die Schriftfarbe ändern.

1 Starte Powerpoint und schreibe einen Text deiner Wahl in blau, mit der Schriftgröße 28 und in der Schrift Arial.

Wenn dir eine weiße Folie nicht gefällt, kannst du das Aussehen der Folie leicht verändern. Powerpoint bietet dir zahlreiche Vorlagen an, aus denen du nach deinem Geschmack auswählen kannst. Klicke hierfür auf die Registerkarte „Entwurf“.

Wenn dir eine der angebotenen Vorlage zusagt, klicke mit der rechten Maustaste darauf. Du kannst jetzt entscheiden, ob du die Vorlage nur für diese eine Folie verwenden möchtest oder ob die Vorlage automatisch für alle Folien deiner Präsentationen übernommen werden soll.

2 Suche für deine Folie mit Text eine Vorlage aus und verwende sie für diese Folie.

Wenn dir keine der angebotenen Vorlagen gefällt, kannst du einen eigenen Hintergrund gestalten. Klicke in der Registerkarte „Entwurf“ auf „Hintergrund formatieren“. Es werden dir verschiedene Möglichkeiten angeboten. Wähle „Bild oder Texturfüllung“. Klicke dann unter „Bildquelle“ auf „Einfügen“. Es wird dir dein Ordner mit Bildern angezeigt. Ein Klick darauf, und du hast einen neuen Hintergrund. Damit das Bild nicht so kräftig wirkt, schiebst du den Regler bei „Transparenz“ vorsichtig nach rechts, bis du mit dem Ergebnis zufrieden bist.

3 Ersetze in deiner Folie mit Text die eingefügte Vorlage durch ein eigenes Bild als Hintergrund.

Neue Folien erstellen

Bevor du eine Präsentation erstellst, überlege dir, wie viele Folien du für dein Thema benötigst. Zeichne kleine Skizzen, wie die Folien ungefähr aussehen sollten. Du kannst für eine Präsentation so viele Folien verwenden, wie du benötigst.

In PowerPoint werden dir auf der linken Seite deine Folien angezeigt. Die Folie, an der du gerade arbeitest, ist rot umrandet. Im Hauptbereich kannst du die einzelnen Folien bearbeiten.

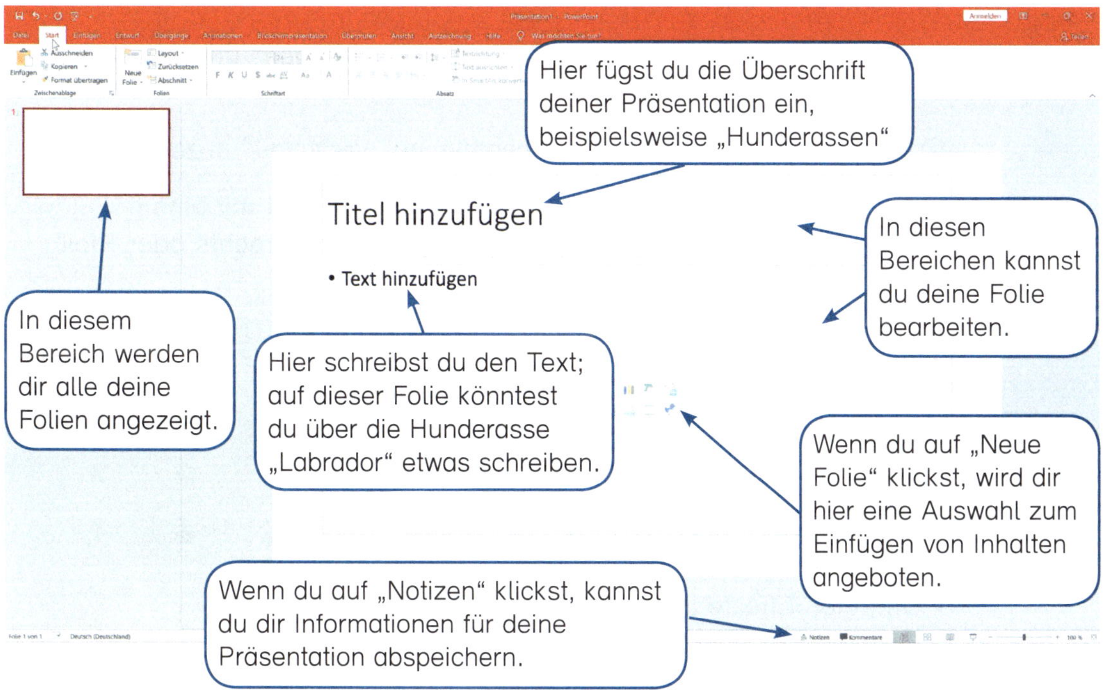

Wenn du eine neue Folie einfügen möchtest, gehe in der Registerkarte „Start“ auf „Neue Folie“. Achtung: Die Schaltfläche ist zweigeteilt, was dir die farbige Unterlegung anzeigt.

Klickst du auf das Symbol oben, wird der Aufbau der letzten Folie wiederholt.

Klickst du auf den Text „Neue Folie“, kannst du aus einer Auswahl einen neuen Aufbau auswählen.

Du kannst die Reihenfolge der einzelnen Folien jederzeit verändern. Gehe hierfür mit der Maus auf die entsprechende Folie auf der linken Seite und drücke die linke Maustaste. Halte die Maustaste gedrückt, dann kannst du die Folie an die entsprechende Stelle verschieben.

1. Öffne PowerPoint und erstelle fünf Folien. Beschrifte jede Folie mit einer Zahl von eins bis fünf.

2. Ordne die Folien in umgekehrter Reihenfolge an.

Animationen einfügen

Wenn sich etwas bewegt, zieht es unsere Aufmerksamkeit auf sich. Auch deine Bildschirmpräsentation wird durch Animationen (sich bewegende Elemente) für deine Zuhörer interessanter.

Webcode
WES-32687-201
Video
Animationen einfügen

Mit dieser Schrittfolge kannst du eine Animation in deine Präsentation einzufügen:

① Markiere mit der linken Maustaste den Inhalt, der sich bewegen soll.

② Gehe auf die Registerkarte „Animationen“.

③ Klicke auf die Schaltfläche „Animation hinzufügen“ und wähle den gewünschten Effekt aus.

④ Lass dir den Effekt über die Schaltfläche „Vorschau“ anzeigen.

In der fertigen Bildschirmpräsentation wird der Effekt mit einem Mausklick, der Entertaste, der Leertaste, Pfeil nach rechts oder Pfeil nach unten gestartet.

In PowerPoint stehen dir mehrere Bewegungseffekte zur Verfügung:

- Die grünen Eingangseffekte lassen einen Inhalt in einer bestimmten Art und Weise auf der Folie erscheinen.
- Die gelben Effekte betonen einem Inhalt.
- Die roten Effekte lassen einen Inhalt von der Folie verschwinden.
- Die **Animationspfade** lassen einen Inhalt über die Folie bewegen.

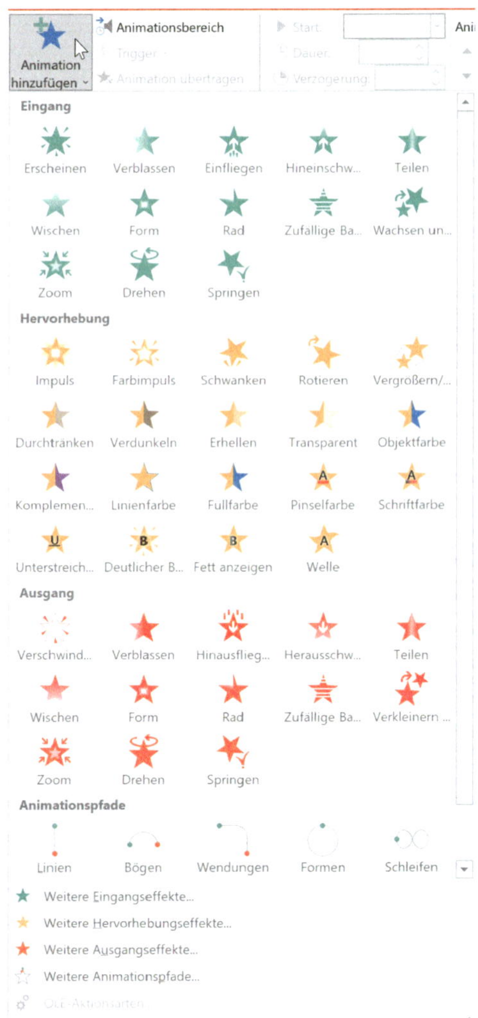

Tipp

Animationen sind ein schöner Zusatzeffekt bei PowerPoint, aber zu viele Animationen in einer Präsentation wirken schnell ermüdend. Es ist besser, sie sparsam einzusetzen

1 Öffne PowerPoint und schreibe
[Der Mensch
ist immer noch
der beste Computer.
John F. Kennedy]

2 Erstelle für jede Zeile eine eigene Animation.

3 Suche ein Bild von John. F. Kennedy im Internet und lass es auf einen Animationspfad auf der Folie erscheinen. (Computer)

4 Diskutiere mit deinem Nachbarn/deiner Nachbarin die Aussage von John F. Kennedy.

Eine Folie mit zwei Animationen verbinden

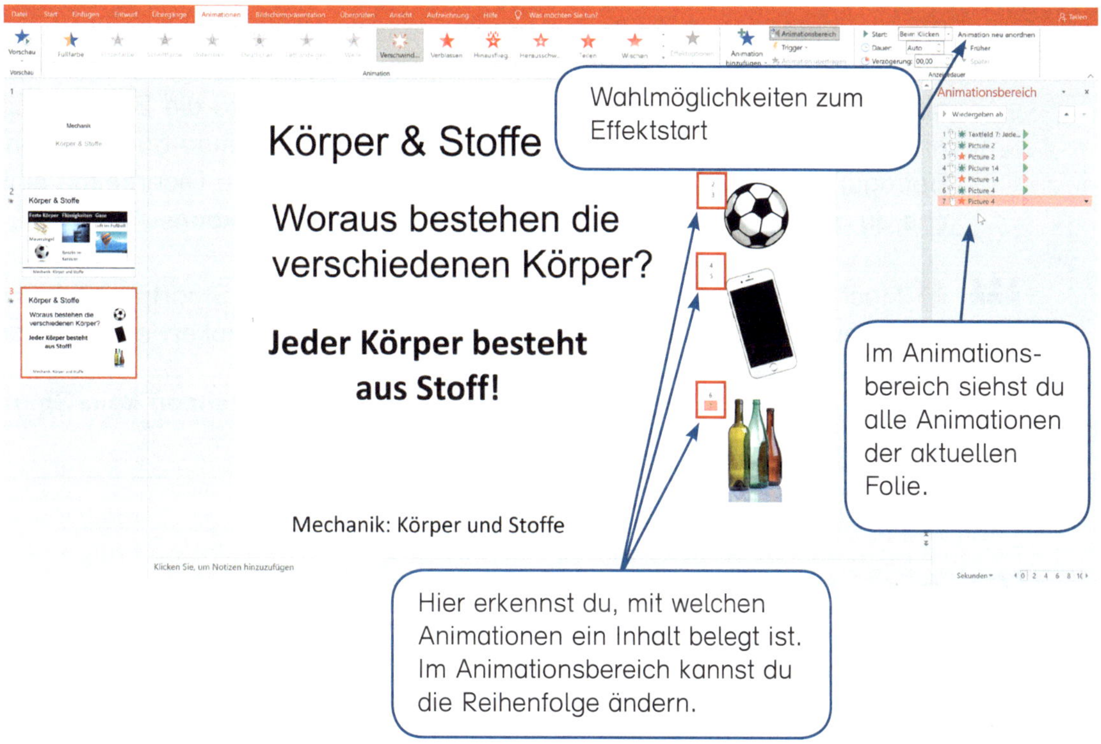

Webcode
ES-32687-202
Video
Animationen
verbinden

Du willst auf einer Folie einen Text und ein Bild zeigen, die zunächst eingeblendet und später wieder ausgeblendet werden. Markiere dazu mit gedrückter Umschalttaste ⇧ den Text und das Bild. Klicke die Schaltfläche „Animation hinzufügen“ an. Wähle einen grünen Eingangseffekt. Zum Ausblenden der beiden Elemente musst du sie erneut markieren und einen roten Ausgangseffekt wählen.

Möchtest du bei mehreren Objekten auf einer Folie diese Effekte, musst du den Vorgang für die Texte und/oder Bilder wiederholen. Öffne anschließend die Schaltfläche „Animationsbereich“. Jetzt kannst du die Reihenfolge der einzelnen Animationen verändern. Halte mit der linken Maustaste den Effekt markiert und verschiebe ihn an die Wunschposition.

Normalweise muss man zum Starten jeder einzelnen Animation die Maustaste drücken. Hast du mehrere Effekte auf einer Seite, bestehen Wahlmöglichkeiten.

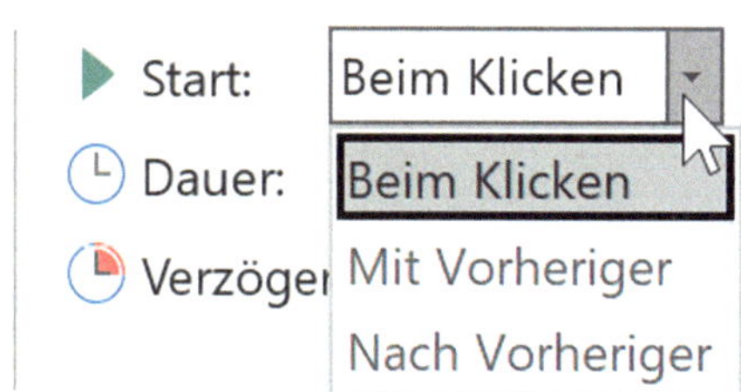

Markiere den Effekt und wähle über die Schaltfläche Start, ob die Animation beim Klicken beginnen, gleichzeitig mit dem vorherigen Effekt starten soll oder zeitlich versetzt zur vorhergehenden Animation beginnen soll.

1. Öffne PowerPoint und füge auf einer Folie zwei Bilder ein. Lasse beide Bilder nacheinander erscheinen und anschließend wieder ausblenden.

2. Schreibe auf einer neuen Folie zwei Sätze deiner Wahl. Lasse die einzelnen Sätze nacheinander erscheinen.

Diagramme einfügen

Wenn du auf einer Folie Zahlenangaben anschaulich darstellen willst, geht das am besten mit einem Diagramm. So kann man beispielsweise Zahlenangaben für einzelne Jahre in Form von Balken darstellen. Dann wird die Entwicklung auf den ersten Blick deutlich. Mit einem Balkendiagramm kann man auch Ergebnisse einer Befragung zeigen. In PowerPoint kannst du leicht eigene Diagramme einfügen, welche du auch später in dein Schreibprogramm kopieren kannst.

1 Macht eine Umfrage in der Klasse, wer ein eigenes Smartphone besitzt. Unterscheidet zwischen Jungen und Mädchen und notiert eure Ergebnisse.

Webcode
WES-32687-203
Video Diagramm einfügen

	Besitzen ein Smartphone	Besitzen kein Smartphone
Jungen		
Mädchen		

2 Öffne PowerPoint und füge ein Balkendiagramm ein. Gehe nach der Beschreibung vor.

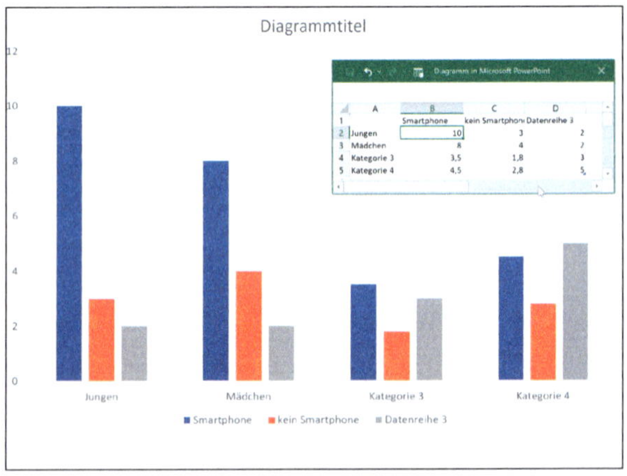

① Wähle die Folie aus, auf der du das Diagramm zeigen willst. Gehe auf die Registerkarte „Einfügen" und wähle dort die Schaltfläche „Diagramm".

② Es öffnet sich ein Untermenü. Hier kannst du aus verschiedenen Arten von Diagrammen auswählen. Wähle ein Balkendiagramm aus und bestätige deine Auswahl mit „OK". Auf deiner Folie öffnen sich ein Musterdiagramm und eine Tabelle, mit der du das Diagramm bearbeiten kannst.

③ In der Spalte A der Tabelle stehen die Einträge „Kategorie 1", „Kategorie 2" usw. Überschreibe „Kategorie 1" mit [Jungen] und „Kategorie 2" mit [Mädchen]. Die Beschriftungen des Balkendiagramms ändern sich.

④ Überschreibe jetzt in der Zeile 1 der Tabelle „Datenreihe 1" mit [Smartphone] und „Datenreihe 2" mit [kein Smartphone].

⑤ Jetzt kannst du die Ergebnisse eurer Umfrage eintragen, indem due die vorhandenen Zahlen überschreibst. Lösche abschließend die Texte und Zahlen in den Feldern „Kategorie 3" und „Kategorie 4" sowie in „Datenreihe 3".

⑥ Mit einem Klick auf das Feld „Diagrammtitel" kannst du die Bezeichnung des Diagrammes ändern.

Wenn dir die Farben des Diagramms nicht gefallen, markiere das Diagramm. Es erscheint eine neue Registerkarte „Entwurf" oder „Diagrammentwurf". Jetzt kannst du einen Balken anklicken und dann unter der Option „Füllung" die Farbe des Balkens anpassen.

Ein Schaubild (SmartArt) einfügen

Wenn du auf einer Folie Abläufe oder Zusammenhänge übersichtlich darstellen willst, bieten sich dafür Schaubilder an. In PowerPoint und Word werden Schaubilder „SmartArts" genannt. PowerPoint bietet eine große Auswahl an Vorlagen an. Hast du dir ein SmartArt ausgewählt, kannst du es mit eigenen Texten und Bildern füllen.

Auf diese Weise fügst du ein SmartArt ein:

① Öffne die Registerkarte „Einfügen" und klicke auf die Schaltfläche „SmartArt".

② Es öffnet sich eine Auswahlbox mit drei Spalten. Links befinden sich alle SmartArt-Kategorien. In der Mitte steht eine Liste mit allen Schaubildern und in der rechten Spalte eine Beschreibung des ausgewählten SmartArt.

③ Klicke in der Liste auf das gewünschte SmartArt. Mit einem Klick auf „OK" wird das Schaubild auf deiner Folie eingefügt.

Jetzt stehen dir mehrere Auswahlmöglichkeiten zur Verfügung.

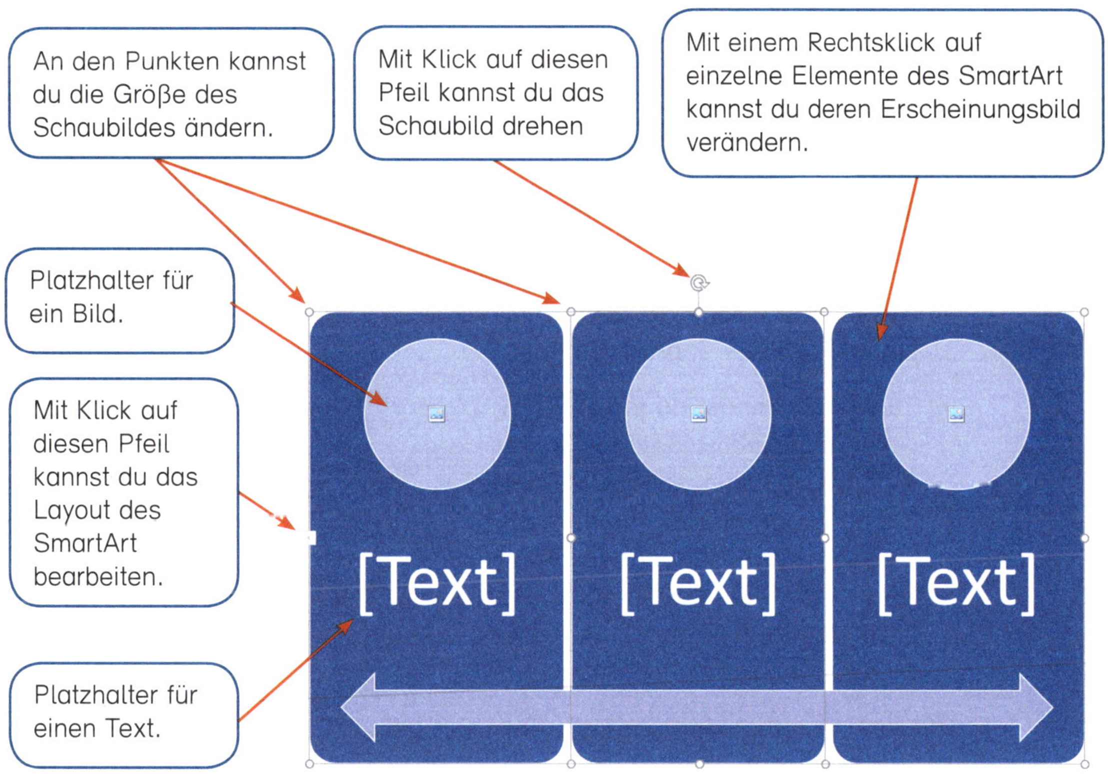

In dieser Form wird das Muster „Fortlaufende Bildliste" in deine PowerPoint-Präsentation eingefügt, nachdem du es aus der Liste bei SmartArt ausgewählt hast.

1 Öffne PowerPoint und füge in eine leere Folie ein SmartArt ein, das drei Schritte aus deinem Leben zeigt: Geburt, Einschulung, du heute. Füge passende Bilder und Texte ein.

Tipp

Der Text in Schaubildern ist kurz! Oft wird nur ein Wort eingetragen.

Übergänge zwischen Folien einrichten

Den Übergang zwischen den einzelnen Folien kannst du lebendiger gestalten, was sich insbesondere bei einem neuen Gliederungspunkt in deinem Vortrag anbietet.

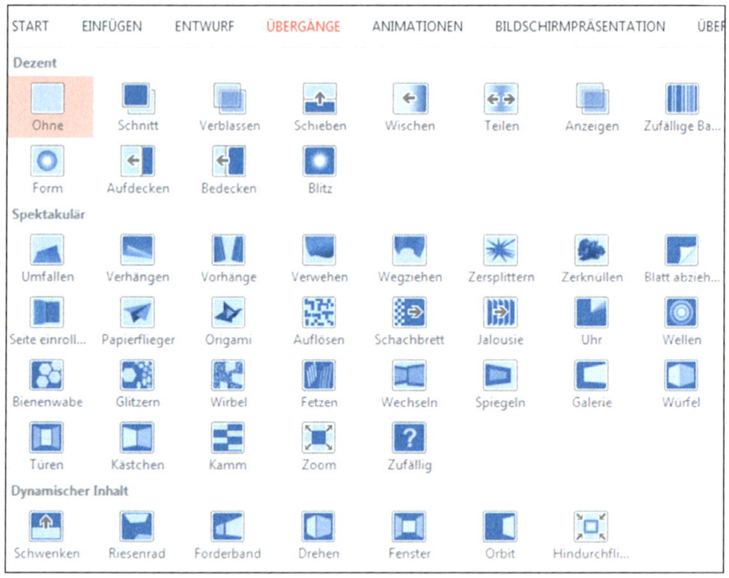

So legst du einen Übergang von einer Folie zur nächsten Folie fest:

Webcode
WES-32687-204
Video Übergänge zwischen Folien

① Klicke im linken Folienfenster auf die Folie, für die du einen Übergang erstellen möchtest.

② Gehe auf die Registerkarte „Übergänge“.

③ Wähle einen geeigneten Übergang.

④ Über die Schaltfläche „Vorschau“ kannst du dir den Übergang anschauen.

⑤ Über die Schaltfläche „Effektoptionen“ kannst die Übergänge bearbeiten. Zum Beispiel kannst du bestimmen, ob die neue Folie von rechts, oben, unten oder links einfliegen soll. Deinen „Wunschübergang“ musst du nicht für jede Folie neu erstellen, sondern kannst ihn mit der Schaltfläche „Für alle übernehmen“ auf jede neue Folie übertragen.

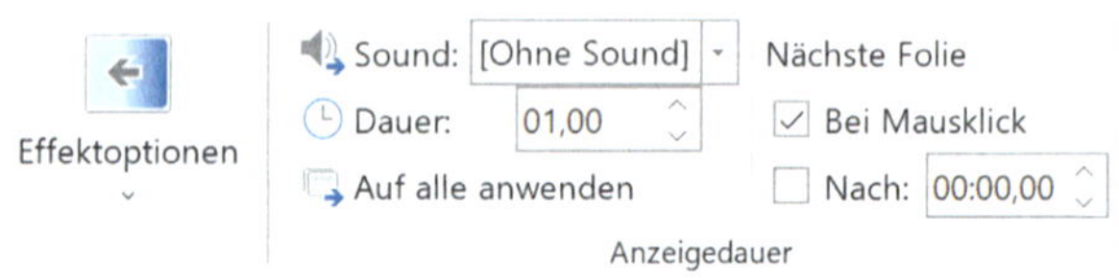

⑥ Zusätzlich kannst du jeden Übergang durch einen Ton (Sound) begleiten lassen. Klicke auf den kleinen Pfeil neben dem Eintrag „[ohne Sound]“. Dann werden dir etliche Sounds angezeigt. Die Zeitdauer musst dann etwas verlängern, damit die Zuhörer den Sound erkennen können. Probiere den Übergang mit Sound über „Vorschau“ aus.

⑦ Wenn du möchtest, dass die Folien in deiner Präsentation automatisch wechseln, kannst du das ebenfalls in dieser Registerkarte über die Schaltfläche „Nächste Folie“ einstellen. Dort kannst du die Zeit für den Wechsel entsprechend einstellen. Insbesondere bei Fotoshows bietet sich diese Einstellung an.

⑧ Falls du doch keinen Übergang möchtest, klicke in der Auswahlmöglichkeit der Übergänge auf „Ohne“.

1 Öffne PowerPoint und erstelle drei Folien. Füge auf jeder Folie ein Bild ein. Erstelle für jede Folie einen eigenen Übergang.

2 Erstelle eine Fotoshow deines letzten Ausfluges/Urlaubes (verwende dabei höchstens 20 Bilder).

Jetzt hast du alle Folien für deine Bildschirmpräsentation fertig. Bevor du sie deinen Zuhörern zeigst, solltest du dir die komplette Präsentation erst einmal anschauen. Meistens entdeckt man doch noch Fehler, die man dann noch korrigieren kann. Um die Präsentation zu starten, wechsle in die Registerkarte „Bildschirmpräsentation".

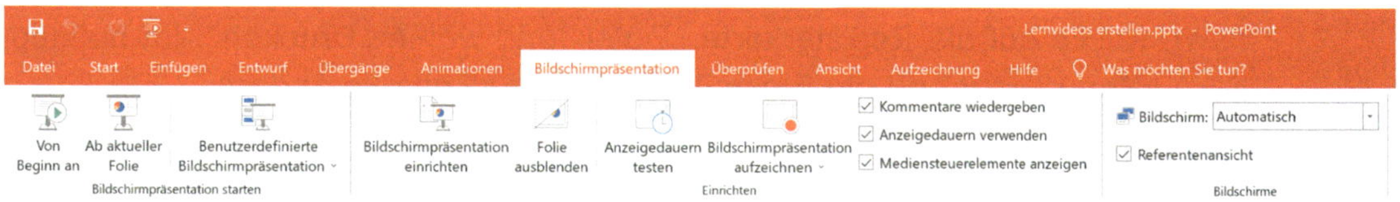

Klickst du auf die Schaltfläche „Von Beginn an", startet die Präsentation von der ersten Folie an. Falls du keine Zeitdauer für die Übergänge der einzelnen Folien eingestellt hast, musst du jeweils mit der Maus klicken, damit das nächste Element deiner Präsentation angezeigt wird.

Tipp

Durch Drücken der Taste „F5" kannst du auf den meisten Computern von jeder beliebigen Seite in PowerPoint aus sofort die Bildschirmpräsentation starten. Durch Drücken der Taste „Esc" kannst du die Bildschirmpräsentation jederzeit beenden.

Klickst du auf die Schaltfläche „Ab aktueller Folie" wird die letzte Folie angezeigt. Diese Option ist besonders geeignet, wenn du deine Animationen überprüfen willst.

Während deiner Bildschirmpräsentation sehen deine Zuhörer nur deine Folien. Wenn dir zwei Bildschirme zur Verfügung stehen (zum Beispiel ein Notebook und ein Beamer), kannst du auch die „Referentenansicht" aktivieren.

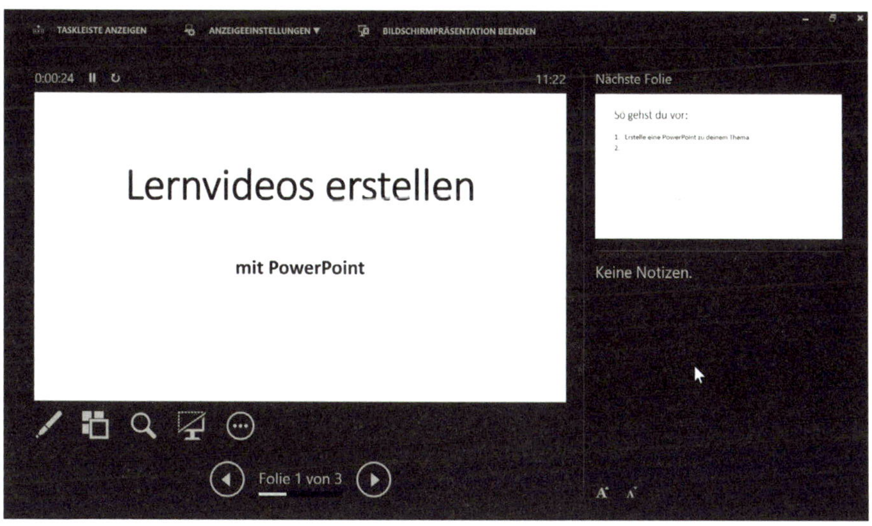

Der Vorteil der Referentenansicht ist, dass du neben der Folie, die deine Zuhörer sehen, auf deinem Bildschirm auch die nächste Folie und deine Notizen zur angezeigten Folie siehst. So kannst du auf Informationen zurückgreifen, die deine Zuhörer nicht sehen.

1. Öffnet eure Präsentationen zu eurem letzten Ausflug/Urlaub und zeigt euch gegenseitig eure Bildschirmpräsentation.

Eine Bildschirmpräsentation drucken

Wenn du die Bildschirmpräsentation in einem Vortrag verwendest, musst du die Reihenfolge deiner Folien kennen. Fällt es dir schwer, dir die Reihenfolge zu merken, kannst du die Folien ausdrucken. Für das Drucken bietet dir PowerPoint mehrere Möglichkeiten an:

Zum Drucken gehst du folgendermaßen vor:

① Klicke auf die Registerkarte „Datei" und wähle „Drucken". Im aufklappenden Menü kannst du die Einstellung des Druckens verändern.

Webcode WES-32687-205 Video Bildschirmpräsentation drucken

② Klicke mit der linken Maustaste auf „Ganzseitige Folie". Es öffnet sich ein weiteres Unterfenster.

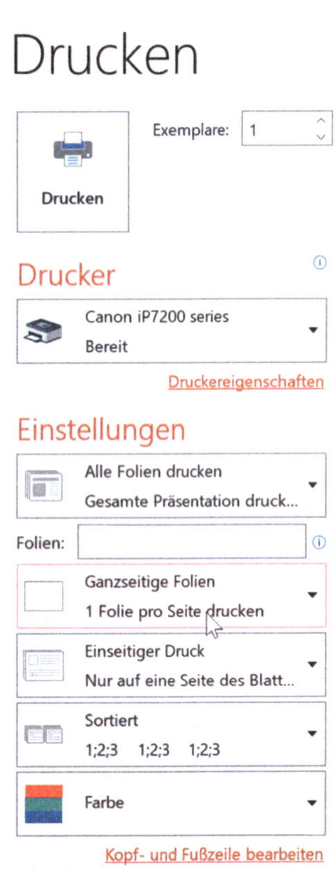

③ Wähle im Drucklayout „Ganzseitige Folie" und jede Folie wird auf eine eigene Seite gedruckt. Wenn du bei „Drucklayout" „Notizenseiten" wählst, werden deine Notizen für jede Folie mit ausgedruckt

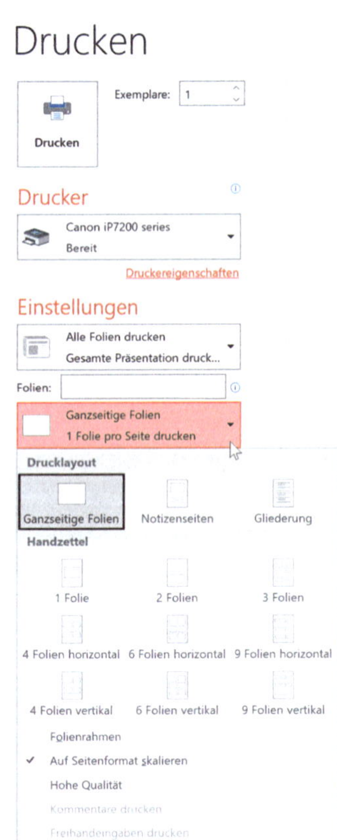

④ In der Einstellung „Handzettel" kannst du auswählen, wie viele Folien auf einer Seite ausgedruckt werden sollen. Bei dieser Einstellung werden deine eigenen Notizen nicht mitgedruckt.

⑤ Bei „Farbe" kannst du einstellen, ob das Dokument farbig, in Graustufen oder schwarzweiß ausgedruckt werden soll.

1 Öffne PowerPoint. Erstelle eine Präsentation mit drei Folien. Füge auf jeder Folie ein Bild ein. Schreibe zu jedem Bild eine Notiz.

2 Drucke die PowerPoint als Notizenseiten und als Handzettel mit drei Folien aus.

Tipp
Wähle für Probedrucke immer die Einstellung „Graustufen" oder „Reines Schwarzweiß" bei deinem Drucker. Das spart Tinte.

3 Sprich mit deinem Nachbarn/deiner Nachbarin darüber, wann sich solch ein Ausdruck in einem Vortrag lohnt.

Damit du deine Bildschirmpräsentation zu einem späteren Zeitpunkt bearbeiten oder öffnen kannst, musst du die Präsentation speichern.

Webcode
WES-32687-206
Video
Bildschirm-
präsentation
speichern

Mit folgender Schrittfolge kannst du die Präsentation speichern:

① Gehe auf die Registerkarte „Datei“ und wähle „Speichern unter“.

② Wähle den Speicherort aus.

③ Gebe der Datei einen aussagekräftigen Namen.

④ Wähle „Speichern“. Wenn du die Datei zu einem späteren Zeitpunkt öffnen oder bearbeiten willst, musst du den Dateityp nicht verändern. Je nach Alter des Programmes ist „*.pptx“ oder „*.ppt“ bereits eingestellt. Die meisten anderen Präsentationsprogramme können diese Dateiformate ebenfalls öffnen und dann als Bildschirmpräsentation abspielen.

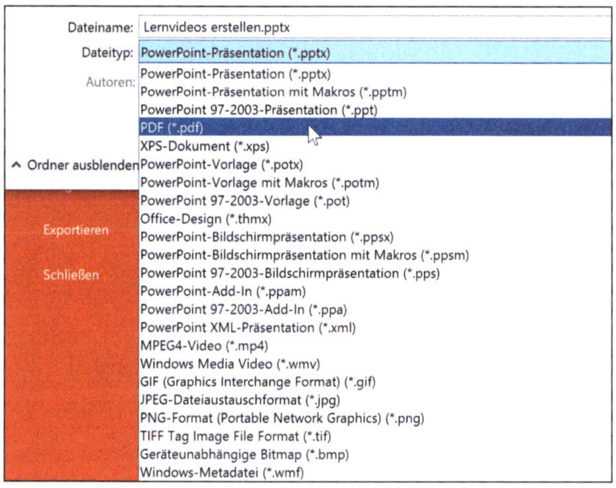

Tipp

Speichere deine Präsentation zuerst als „*.pptx“ oder „*.ppt“. Danach sicherst du sie als „PowerPoint-Bildschirmpräsentation“ (*.ppsx oder *pps). Wenn du eine solche Datei öffnest, wird sofort die Bildschirmpräsentation gestartet.

Wenn du die Datei per E-Mail verschicken möchtest, kannst du sie als PDF (*.pdf) abspeichern. Aber Achtung: Bei der Speicherung in diesem Format entfallen Animationen oder Übergänge. Zum Öffnen benötigt man das Programm „Adobe Acrobat Reader“ oder ein anderes Programm, das PDFs öffnen kann, wie etwa „PDFsam“. Dieses Programm kann kostenlos im Internet heruntergeladen werden.

1 Öffne PowerPoint und erstelle fünf Folien. Füge in jeder Folie mindestens ein Bild ein.

2 Speichere die PowerPoint als *.pptx, *.pdf und *.ppsx. Öffne anschließend die einzelnen Dateien.

3 Diskutiere mit deinem Nachbarn/deiner Nachbarin die Vor- und Nachteile der einzelnen Speichervarianten sowie Einsatzmöglichkeiten. Erstellt eine Tabelle nach diesem Muster:

	*.pptx	*.pdf	*.ppsx
Vorteil			
Nachteil			
Einsatz			

Kompakt

1 Löse das Rätsel.

1
2
3
4
5
6
7
8
9
10

Achtung:
Ä = Ä, Ü = Ü

1 Das muss auf deinem PC installiert sein, um eine Bildschirmpräsentation zu erstellen.
2 Eine Seite in einem Präsentationsprogramm
3 Die Gestaltung von Text und Bild auf einer Seite
4 Eine Form der Präsentation, die mit Stiften und Papier auskommt
5 Ein bewegtes Element in einer Bildschirmpräsentation
6 So heißt eine Grafik, die in PowerPoint bereits vorinstalliert ist
7 Der Wechsel von einer Folie zur nächsten kann in PowerPoint mit dieser Registerkarte bearbeitet werden.
8 Wenn du eine Bildschirmpräsentation abspeicherst, kannst du den verändern.
9 Bei der Präsentation kannst du dir diese auf einem zweiten Bildschirm anzeigen lassen.
10 In dieser Einstellung kannst du beim Drucken einer PowerPoint-Präsentation die Anzahl der Folien auf einer Seite auswählen.

2 Schätze dich selbst ein und kreuze an.

Ich kann …	**So schätze ich mich ein:**
mit einem Präsentationsprogramm einen Vortrag vorbereiten.	☹ 😐 ☺
wichtige Regeln für eine gelungen Präsentationsfolie benennen.	☹ 😐 ☺
die verschiedenen Funktionen des Präsentationsprogramms sinnvoll für eine Präsentation nutzen.	☹ 😐 ☺
Diagramme mit PowerPoint erstellen.	☹ 😐 ☺

Das Internet im Alltag sicher nutzen

❶ Überlege, was die Symbole bedeuten könnten, und notiere deine Vorschläge.

___

___

___

❷ Diskutiert in der Klasse über eure Ergebnisse und einigt euch auf je einen Begriff. Notiert die Begriffe gut sichtbar für alle.

❸ Wofür nutzt du das Internet? Notiere.

___

___

❹ Tauscht euch in der Klasse über eure Ergebnisse aus.

Arten von Suchmaschinen

Du sitzt mit einer Freundin zusammen und ihr unterhaltet euch. Sie behauptet, dass in Deutschland über 80 Millionen Menschen leben. Du glaubst das nicht. Was macht ihr in einem solchen Fall? Eine Anfrage bei einer Suchmaschine im Internet liefert sofort das Ergebnis: Deine Freundin hat recht.

Suchmaschinen sind aus dem Alltag nicht mehr wegzudenken. In der Schule hast du sicherlich schon mit Kindersuchseiten wie www.fragfinn.de oder www.blinde-kuh.de gearbeitet. Diese Suchmaschinen beziehen ihre Ergebnisse aus einem sogenannten Katalog. Dieser Katalog enthält Suchergebnisse, die im Vorfeld von Menschen zusammengetragen, bewertet und geordnet wurden. So erhält man garantiert verlässliche Informationen.

Suchmaschinen wie Google oder Bing funktionieren anders. Sie durchsuchen das Internet ständig mithilfe einer speziellen Software (namens Crawler) und analysieren dabei riesige Datenmengen von verschiedensten Internetseiten. Die Crawler legen die gefundenen Daten in einem Verzeichnis (Index genannt) ab. Wenn man bei der Suchmaschine eine Suche startet, wird in diesem Index gesucht. So erhält man schnell viele Ergebnisse.

Suchmaschinen wie www.metager.de oder www.startpage.com sind sogenannte Metasuchmaschinen. Sie arbeiten nicht mit einem eigenen Index, sondern leiten die Suchanfrage an verschiedene Suchmaschinen weiter. Die Ergebnisse werden durch die Metasuchmaschine neu bewertet und in einer eigenen Ergebnisliste bereitgestellt.

1 Teste die drei Arten von Suchmaschinen und notiere deine Ergebnisse.

Frage 1: Wie heißt Dr. Oetker mit Vornamen?

	Antwort: ______		
	Gewählte Suchbegriffe	______	
	www.google.de	www.fragfinn.de	www.metager.de
Anzahl der Klicks bis zum Ergebnis:			

Frage 2: Was ist die größte Hunderasse?

	Antwort: ______		
	Gewählte Suchbegriffe	______	
	www.google.de	www.fragfinn.de	www.metager.de
Anzahl der Klicks bis zum Ergebnis:			

2 Beurteile die getesteten Suchmaschinen.

Der Aufbau gefällt mir am besten:	______
Hier konnte ich die Texte gut verstehen:	______
Hier habe ich die nützlichsten Informationen erhalten:	______
Hier habe ich rasch meine Antwort gefunden:	______
Das finde ich am besten:	______
Mein Testsieger:	______

Wenn du eine Suchanfrage in eine Suchmaschine eingibst, erhältst du meist Zugriff auf zahlreiche Informationsquellen. Neben Artikeln findest du meist auch Videos, Karten und Bilder. Deshalb ist es wichtig, dass du dich schnell auf der Seite orientieren kannst.

1 Hier siehst du eine Bildschirmaufnahme (Screenshot) mit den Ergebnissen einer Suche in der am meisten genutzten Suchmaschine in Deutschland. Der Suchbegriff lautet [Rostock]. Führe die Suche selbst durch und erkläre, welche Informationen auf der Ergebnisseite angezeigt werden.

2 Führe die Suche mit den folgenden Suchmaschinen erneut durch: www.startpage.com, duckduckgo.com, www.bing.com. Notiere die wichtigsten Informationen, die dir auf den Ergebnisseiten angeboten werden.

www.startpage.com: ______________________________

____

duckduckgo.com: ______________________________

____

www.bing.com: ______________________________

____

Tricks beim Einsatz der Suchmaschine

In vielen Fällen reicht die bloße Eingabe eines Wortes oder einer Wortgruppe aus, um die gewünschten Informationen mithilfe einer Suchmaschine zu finden. Stell dir vor, dass du nach [Puma] suchst. Dir werden einerseits Informationen zum Tier Puma angeboten und andererseits zum Bekleidungshersteller. An dieser Stelle musst du deine Suchanfrage genauer gestalten. Zum Beispiel durch die Eingabe [Puma Tier] oder noch konkreter [Puma Tier Lebensraum]. Durch jedes weitere Wort wird die Suche eingeschränkt und die Trefferanzahl verringert sich.

Tipp

Die Groß- und Kleinschreibung spielt für Suchmaschinen keine Rolle!

1 Öffne eine Suchmaschine für Erwachsene und gib die folgenden Suchbegriffe ein. Notiere jeweils die Anzahl der Treffer.

Suchbegriffe	Anzahl der Treffer
[Puma]	
[Puma Tier]	
[Puma Tier Lebensraum]	

Halte deine Suchanfrage so einfach wie möglich. Bist du auf der Suche nach einem Fahrradladen in deiner Stadt, dann gib [Fahrrad] ein sowie den Namen deiner Stadt oder die Postleitzahl.

Mit den folgenden Tricks kannst du deine Suche in einer Suchmaschine noch verbessern:

- ☐ Stell dir vor, du möchtest ein Vortrag über Paddy Kelly halten. Gibst du [Paddy Kelly] in einer Suchmaschine ein, werden dir auch zahlreiche Informationen zu seinen Geschwistern angezeigt. In diesem Fall nutzt du die **Suche nach Wortgruppen** mit [„Xy“], beispielsweise [„Paddy Kelly“]. Die berücksichtigt jetzt genau diese Worte in genau dieser Reihenfolge. Ergebnisse zu Patrick Kelly werden dir jetzt möglicherweise nicht angezeigt.

Michael Patrick Kelly

- ☐ Das Problem kennst du: du willst eine bestimme Redewendung nutzen, aber sie fällt dir nur zum Teil ein. Dann kannst du eine **Suchanfrage mit Sternchen** starten. Die vergessenen Worte ersetzt du durch Sternchen. Ein Beispiel: [Wie man in den * hineinruft, so * es heraus]. Google zeigt dann bereits bei den Vorschlägen zur Suche den vollständigen Satz an: Wie man in den Wald hineinruft, so schallt es heraus. Andere Suchmaschinen zeigen den richtigen Satz bei den Ergebnissen an.

2 Finde heraus, in welcher Stadt Audi gegründet wurde: ____________________

3 Stelle fest, wie weit das nächste griechische Restaurant von deiner Wohnung entfernt liegt: _______ km

4 Von einer bekannten ehemaligen deutschen Tennisspielerin kennst du nur den Vornamen. Er lautet Steffi. Finde ihren Familiennamen heraus: ________________

Checkliste zur Einschätzung von Webseiten

Wie du bei deinen Suchen bereits bemerkt hast, existieren zu jedem Thema unzählige Internetseiten. Bedauerlicherweise liefert nicht jede Seite verlässliche Informationen. Die nachfolgende Checkliste kann dir helfen, eine Internetseite einzuschätzen. Wenn du alle Fragen mit „Ja“ beantworten kannst, ist die Internetseite mit hoher Wahrscheinlichkeit seriös. Wenn du nur einmal ein „Nein“ angekreuzt hast, solltest du die Seite besser nicht nutzen. Aber Achtung: Verlasse dich nicht ausschließlich auf die Checkliste und vergleiche immer deine entnommenen Informationen mit anderen Internetseiten!

Internetseite: ____________________ Aufgerufen am: __________

Erster Eindruck	Erhalte ich Informationen zu meinem Thema?	☐ Ja	☐ Nein
	Sind die Angaben nach dem ersten Eindruck korrekt?	☐ Ja	☐ Nein
Gestaltung	Ist die Internetseite übersichtlich aufgebaut?	☐ Ja	☐ Nein
	Gibt es Werbung auf der Internetseite?	☐ Ja	☐ Nein
	Wenn ja, sind Werbung und Information klar voneinander getrennt?	☐ Ja	☐ Nein
Anbieter	Verfügt die Internetseite über ein Impressum?	☐ Ja	☐ Nein
	Wer ist laut Impressum der Anbieter der Seite?	☐ Ja	☐ Nein
	Ist der Anbieter eine anerkannte Organisation?	☐ Ja	☐ Nein
Aktualität	Wann wurde die Webseite erstellt?	__________	
	Funktionieren die angegebenen Links?	☐ Ja	☐ Nein
Inhalt	Bestätigt ein Vergleich mit anderen Quellen (u. a. Bücher, Lexikon, andere Internetseiten) den Inhalt?	☐ Ja	☐ Nein
	Werden Belege für die Informationen benannt?	☐ Ja	☐ Nein
	Gibt es Hinweise auf andere Seiten?	☐ Ja	☐ Nein
Sprache	Stimmt die Rechtschreibung?	☐ Ja	☐ Nein
	Stimmt die Grammatik?	☐ Ja	☐ Nein
		☐ Ja	☐ Nein
		☐ Ja	☐ Nein
		☐ Ja	☐ Nein
Gesamturteil	Die Internetseite ist aus meiner Sicht seriös.	☐ Ja	☐ Nein

1. Bewerte mithilfe der Checkliste drei Internetseiten deiner Wahl.
2. Überlege gemeinsam mit deinem Nachbarn/deiner Nachbarin: Welche Fragen oder Aussagen würdet ihr noch in die Checkliste aufnehmen? Notiert eure Vorschläge in den freien Zeilen der Checkliste.
3. Stellt in der Klasse eure weiteren Fragen oder Aussagen vor und begründet die Notwendigkeit.

Einen Klassenausflug planen

Habt ihr in nächster Zeit einen Ausflug mit der Klasse vor? Dann könnte ihr vorab mithilfe des Internets Informationen sammeln, die euch die Entscheidung für ein bestimmtes Ziel erleichtern.

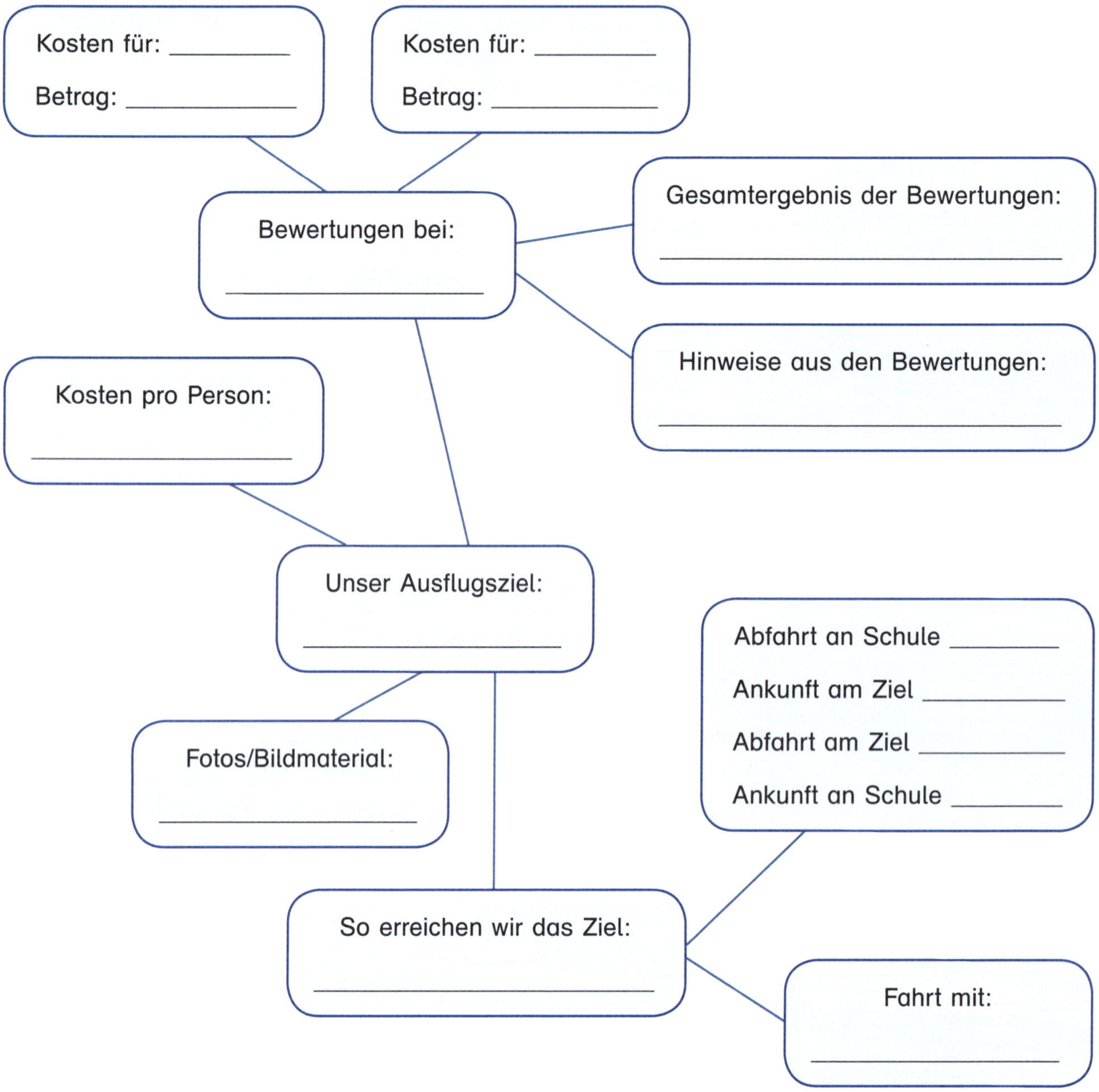

1. Einige dich mit einem Partner/einer Partnerin auf ein Ausflugsziel, zu dem ihr Informationen für einen Klassenausflug beschaffen wollt.
2. Informiert euch im Internet über das Ausflugsziel. Füllt die Mindmap aus.
3. Wenn ihr es sinnvoll findet, erweitert die Mindmap um weitere Punkte.
4. Stellt eure Informationen zum Ausflugsziel in der Klasse vor. Zeigt dabei auch Bilder von eurem Ziel.

Tutorials

Mit dem englischen Wort Tutorial wird eine kurze schriftliche oder als Film gestaltete Gebrauchsanleitung bezeichnet. Insbesondere auf Videoplattformen im Internet sind zahlreiche Tutorials zu fast allen Themengebieten zu finden. Tutorials helfen dir in der Schule, aber zum Beispiel auch, wenn du etwas kochen oder backen willst.

1. Suche mithilfe einer Suchmaschine deiner Wahl ein Video-Tutorial, um Pfannkuchen zuzubereiten.

2. Schau dir das Video an und fülle die leeren Felder für das Rezept aus.

Pfannkuchen – ein Rezept für ____ Personen (Zubereitungszeit: ____ Minuten)

Zutaten:

____
____
____
____
____
____

Küchenutensilien:

____
____
____
____
____

Zubereitung:

____
____
____
____
____
____
____

3. Probiere das Rezept selbst aus.

4. Suche im Internet zu folgenden Fragen Video-Tutorials und bewerte sie.

Fragestellung	Tutorial gefunden	Das Tutorial war für mich hilfreich
Was ist der Satz des Pythagoras?	☐ Ja ☐ Nein	☐ Ja ☐ Nein
Wie wird ein Gartenzaun gebaut?	☐ Ja ☐ Nein	☐ Ja ☐ Nein
Was ist ein Verb?	☐ Ja ☐ Nein	☐ Ja ☐ Nein
Wie werden Haustiere auf Englisch genannt?	☐ Ja ☐ Nein	☐ Ja ☐ Nein

Einkaufen im Internet I

Das Einkaufen im Internet wird immer beliebter. Man muss nicht durch überfüllte Geschäfte laufen, kann problemlos Preise vergleichen, hat eine fast unendlich Auswahl und muss keine Öffnungszeiten beachten. Doch neben zahlreichen Vorteilen gibt es beim Einkaufen im Internet auch Gefahren. Immer wieder fallen ahnungslose Menschen auf sogenannte Fakeshops herein. Dort werden Waren angeboten, die nach dem Bezahlen nicht ausgeliefert werden – das Geld ist dann meistens weg. Die folgende **Checkliste mit 7 Punkten** hilft dabei, seriöse Anbieter von Betrügern zu unterscheiden.

Punkt 1: Ist der Kaufpreis realistisch?

Wenn du ein besonders günstiges Angebot, beispielsweise für ein Smartphone, entdeckt hast, vergleiche den Preis mit anderen Angeboten im Internet. Mit ein paar Schritten kannst du rasch feststellen, ob der Preis realistisch ist.

① Markiere mit der linken Maustaste den genauen Namen deines Produktes.

② Drücke die rechte Mausetaste und kopiere den Namen.

③ Öffne die Seite einer Suchmaschine.

Microsoft Bing   Redmi Note 9

④ Klicke mit der rechten Maustaste in das Feld zur Eingabe des Suchbegriffs und füge den Namen ein. Bestätigte deine Eingabe mit Enter. Jetzt wird dein Wunschprodukt im Internet gesucht.

⑥ Es öffnen sich die Ergebnisse der im Browser voreingestellten Suchmaschine. Bei bestimmten Suchmaschinen gibt es eine Registerkarte „Shopping“. Wenn du sie anklickst, werden dir die Preise verschiedenster Anbieter dieses Produkts angezeigt.

Wenn Du das Smartphone zum Preis von 59,00 € gefunden hast, aber alle anderen Angebote kosten zwischen 150,00 und 200,00 €, solltest du besser nicht zugreifen.

1 Vergleiche für drei Produkte deiner Wahl den Preis im Internet.

Produkt	Preis 1	Preis 2	Preis 2
______	Anbieter/Preis: ____ ______	Anbieter/Preis: ____ ______	Anbieter/Preis: ____ ______
______	Anbieter/Preis: ____ ______	Anbieter/Preis: ____ ______	Anbieter/Preis: ____ ______
______	Anbieter/Preis: ____ ______	Anbieter/Preis: ____ ______	Anbieter/Preis: ____ ______

Punkt 2: Verfügt die Seite des Shops über ein Impressum?

Jede vertrauenswürdige Internetseite benötigt ein Impressum. Das ist in Deutschland gesetzlich vorgeschrieben.

Info

Ein Impressum muss mindestens enthalten:
- den Vor- und Nachnamen. Bei Unternehmen müssen der Unternehmensname, die Rechtsform des Unternehmens sowie Name und Vorname des Geschäftsführers genannt werden.
- die Anschrift (Straße, Hausnummer, Postleitzahl und Ort),
- die E-Mail-Adresse/die Telefonnummer des Betreibers,
- Unternehmen müssen zudem ihre Steuernummer angeben.

2 Untersuche auf drei verschiedenen Internetseiten das Impressum. Notiere deine Ergebnisse.

Anbieter	Impressum vorhanden und korrekt
______	☐ Ja ☐ Nein
______	☐ Ja ☐ Nein
______	☐ Ja ☐ Nein

Punkt 3: Gibt es Wege zur Kontaktaufnahme zum Händler?

Seriöse Händler bieten ihren Kundinnen und Kunden mehrere Wege zur Kontaktaufnahme an. Neben einer E-Mail-Adresse sollte eine Telefonnummer zu finden sein.

3 Kontrolliere bei fünf Internethändlern deiner Wahl, ob und welche Kontaktmöglichkeiten es gibt.

Händler 1 ______	Händler 2 ______	Händler 3 ______	Händler 4 ______	Händler 5 ______
☐ Telefonnummer ☐ Mailadresse ☐ Keine Angabe	☐ Telefonnummer ☐ Mailadresse ☐ Keine Angabe	☐ Telefonnummer ☐ Mailadresse ☐ Keine Angabe	☐ Telefonnummer ☐ Mailadresse ☐ Keine Angabe	☐ Telefonnummer ☐ Mailadresse ☐ Keine Angabe

Punkt 4: Findest du Bewertungen des Produktes/des Händlers?

Meist werden die Bewertungen in einer Skala von 1 - 5 Sternen angezeigt. Neben den Sternen findest du eine Zahl, die anzeigt, wie viele Personen das Produkt bewertet haben. In den Bewertungen finden sich Angaben zur Qualität des Produktes, aber auch Informationen zum Händler oder zur Lieferung.

4 Untersuche die Bewertungen zu einem Produkt deiner Wahl.

a) Notiere, was dir dabei besonders auffällt.

____

____

b) Erscheinen dir alle Bewertungen realistisch? Begründe deine Einschätzung.

____

Einkaufen im Internet III

Punkt 5: Werden sichere Bezahlmöglichkeiten angeboten?

Im Internet stehen für den Kauf oft mehrere Zahlungsmöglichkeiten zur Verfügung. Vertrauenswürdige Händler bieten meistens mehrere Möglichkeiten an, ein Produkt zu bezahlen.

Bezahlen auf Rechnungen: Nachdem du die Ware erhalten hast, bezahlst du die Ware per Banküberweisung.

Zahlen per Lastschrift: Das Geld wird vom Händler von deinem Konto abgebucht. Du kannst der Abbuchung von deinem Konto innerhalb von acht Wochen widersprechen.

Vorauskasse: Du überweist dem Händler den vereinbarten Preis. Nach Zahlungseingang verschickt er die bestellt Ware.

Info

Geschäftsfähigkeit
Erst wenn man 18 Jahre alt ist, ist man unbeschränkt geschäftsfähig. Kinder und Jugendliche (von 7-17 Jahren) dürfen ohne Zustimmung ihrer Eltern nur über ihr Taschengeld selbst verfügen. Bei Käufen in Onlineshops müssen aber die Eltern in jedem Fall einverstanden sein oder das Geschäft nachträglich genehmigen. Erteilen sie keine Genehmigung, ist der Kaufvertrag unwirksam.

5 Überlege, welche Vor- und Nachteile sich für dich bei den einzelnen Zahlungsmöglichkeiten ergeben und notiere.

Zahlungsmöglichkeit	Vorteil	Nachteil
Bezahlen auf Rechnungen		
Zahlen per Lastschrift		
Vorauskasse		

6 Spreche mit einem Partner/einer Partnerin darüber, welche Zahlungsmöglichkeit ihr wählen würdet. Begründet eure Entscheidung.

____

____

7 Notiere weitere Bezahlmöglichkeiten, die du im Internet findest.

____

____

Punkt 6: Werden deine persönlichen Daten sicher übermittelt?

Vertrauenswürdige Händler übermitteln die Daten verschlüsselt. Du erkennst die sichere Übermittlung an einem kleinen Vorhängeschloss in der Adresszeile.

https://www.klicksafe.de

Punkt 7: Sind Gütesiegel vorhanden?

Bei der Auswahl eines seriösen Händlers bieten Gütesiegel eine Orientierung. Händler wissen das und einige zeigen selbst entworfene Gütesiegel auf ihren Seiten. Dann ist Vorsicht geboten. Wenn du eines der folgenden Gütesiegel auf der Seite eines Händlers findest, bist du auf der sicheren Seite. Diese Gütesiegel sind verlässlich.

7 Suche nach drei Produkten deiner Wahl im Internet. Notiere, ob du Händler mit Gütesiegel findest.

1 ______	☐ Ja	☐ Nein	Preis:
2 ______	☐ Ja	☐ Nein	Preis:
3 ______	☐ Ja	☐ Nein	Preis:

8 Jetzt kannst du die Checkliste ausprobieren. Führe den Check mit einem Smartphone deiner Wahl durch. Finde drei Händler, welche dieses Smartphone ohne Vertrag anbieten. Lade dir die Checkliste auf deinen Computer, drucke das Blatt dreimal aus und hake die einzelnen Punkte für die drei Händler ab.

Webcode
WES-32687-301
Checkliste
Einkaufen im
Internet

1: Ist der Kaufpreis realistisch?	☐ okay	☐ nicht okay
2: Verfügt die Seite des Shops über ein Impressum?	☐ okay	☐ nicht okay
3: Gibt es Wege zur Kontaktaufnahme zum Händler?	☐ okay	☐ nicht okay
4: Findest du Bewertungen des Produktes/des Händlers?	☐ okay	☐ nicht okay
5: Werden sichere Bezahlmöglichkeiten angeboten?	☐ okay	☐ nicht okay
6: Werden deine persönlichen Daten sicher übermittelt?	☐ okay	☐ nicht okay
7: Sind Gütesiegel vorhanden?	☐ okay	☐ nicht okay

9 Für welchen Händler würdest du dich entscheiden? Begründe.

Auch auf dem Handy können wir unsere Daten schützen. Die erste und wichtigste Maßnahme ist, stets die neueste Version des Betriebssystems zu installieren. Außerdem sollten WLAN und Bluetooth nur eingeschaltet sein, wenn wir die Funktion wirklich nutzen. GPS/Ortungsdienste sollten nur eingeschalten sein, wenn der Standort bestimmt werden soll oder wenn eine andere App diese Funktion benötigt.

Viele Apps, so etwa der Internetbrowser, speichern sogenannte temporäre Dateien. In diesen wird zum Beispiel unser Surfverhalten dokumentiert. Aus Sicherheitsgründen sollten diese Daten regelmäßig gelöscht werden. Wie das funktioniert, hängt vom Betriebssystem eines Smartphones und auch von der jeweiligen App ab. Entweder findet sich die Option bei den „Einstellungen“ oder als Menüpunkt bei der App selbst.

Viele Apps benötigen bestimmte Zugriffsrechte. Oftmals sind in den Voreinstellungen jedoch deutlich mehr Zugriffsrechte eingestellt, als zum Nutzen der App benötigt werden. Die Zugriffsrechte lassen sich in den Einstellungen ein- und ausschalten.

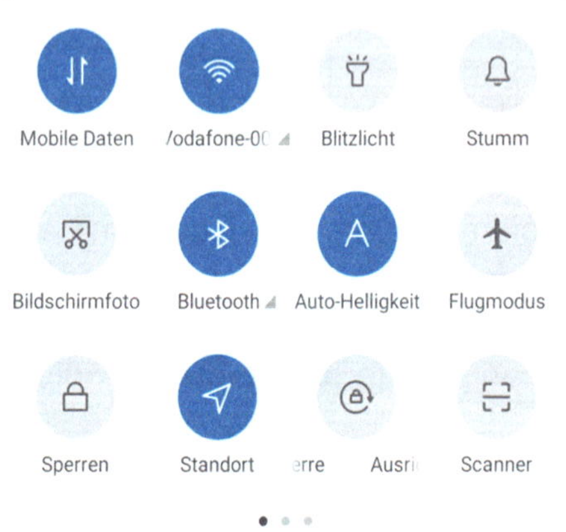

Kontrollzentrum eines Android-Smartphone

Info

Cookies
Cookies sind Daten, die von einer Webseite beim Surfen im Internet auf dem Endgerät zwischengespeichert werden. Es gibt unterschiedliche Cookies.
Session Cookies speichern auf passwort-geschützten Seiten während einer Sitzung das Passwort, die Emailadresse und den Namen. Diese Daten werden wieder gelöscht, sobald man die Seite verlässt.
Tracking Cookies speichern Daten der besuchten Seiten und können so zum Beispiel passgenau Werbung anzeigen. Sie bleiben solange gespeichert, bis man sie selbst löscht. Man kann auch die Einstellungen des Browsers so ändern, dass beim Schließen der App jeweils alle Cookies und die Liste der besuchten Seiten gelöscht werden.

Selbstcheck: Wie sieht es auf meinem Handy aus?
- Habe ich in meinen Einstellungen die Option für ein automatisches Update des Betriebssystems aktiviert?
- Habe ich einen Überblick darüber, welche Apps auf meinem Handy welche Zugriffsrechte haben?
- Habe ich schon einmal meine temporären Dateien gelöscht?

1 Beantworte für dich den Selbstcheck. Diskutiert in der Klasse eure Antworten.

2 Gibt es in deinem Handy Einstellungen, die verändert werden sollten? Überprüfe deine Einstellungen und Zugriffsrechte.

3 Erarbeitet ein Infoplakat zum Thema „Datenschutz und Handy“. Verwendet die Informationen dieser Seite und eure Erkenntnisse aus dem Selbstcheck.

4 Suche ein Tutorial zum Erstellen eines Bildschirmfotos.

1 Welche Aussagen sind wahr, welche sind falsch? Kreise in der entsprechenden Spalte den Buchstaben ein. Von oben nach unten ergeben die eingekreisten Buchstaben das Lösungswort.

Aussage	Wahr	Falsch
Seriöse Internetseiten verfügen über ein Impressum.	C	M
Seriöse Internetseiten vermischen Werbung und Information.	I	O
Seriöse Internetseiten geben Kontaktmöglichkeiten an.	O	S
Gute Händlershops besitzen ein Gütesiegel.	K	T
Seriöse Internetseiten benennen Belege für ihre Informationen.	I	E
Gute Händlershops lassen ausschließlich per Vorkasse bezahlen.	R	E
WLAN und Bluetooth sollten immer angeschaltet sein.	S	S

Lösungswort: ☐☐☐☐☐☐☐

Was bezeichnet das Lösungswort? ______________________________

2 Finde mindestens fünf der acht versteckten Wörter. Markiere sie mit einem Textmarker.

M	J	T	I	W	D	U	W	Q	D	T	T	M	R	H	F	S	T	K	V	B	U	M	N	T
A	I	U	N	N	J	S	L	E	I	I	E	Z	G	Z	S	A	A	U	C	E	X	S	A	Y
A	M	T	T	C	E	W	E	I	S	G	T	K	N	Y	R	I	W	M	W	W	J	B	J	V
E	P	O	E	H	X	E	M	X	V	I	D	F	T	F	X	M	K	K	D	E	Y	R	H	U
A	R	R	R	W	U	X	Z	U	X	V	D	X	Y	U	A	A	I	Z	V	R	S	N	Q	T
D	E	I	N	U	E	R	G	E	B	N	I	S	S	E	I	T	E	E	R	T	V	H	R	T
X	S	A	E	A	H	D	A	T	E	N	S	C	H	U	T	Z	L	T	J	U	R	N	X	B
E	S	L	T	H	W	N	T	M	A	I	L	A	D	R	E	S	S	E	T	N	Y	R	H	O
D	U	P	H	R	B	I	N	S	U	C	H	M	A	S	C	H	I	N	E	G	E	L	Z	Z
T	M	F	H	X	U	L	D	Q	L	M	P	U	L	J	U	D	R	F	E	I	J	N	T	Y

3 Schätze dich selbst ein und kreuze an.

Ich kann ...	So schätze ich mich ein:
unterschiedliche Suchmaschinen für Suchanfragen nutzen.	☹ 😐 ☺
Webseiten mithilfe einer Checkliste (auf ihre Vertrauenswürdigkeit hin) bewerten.	☹ 😐 ☺
die Datenschutzeinstellungen auf meinem Handy verwalten.	☹ 😐 ☺
vor Einkäufen im Internet die Internetseite auf ihre Seriosität hin untersuchen.	☹ 😐 ☺

Digitale Medien zur Berufswahl nutzen

1. Überlegt gemeinsam, welche Unterlagen noch zu einer Bewerbung dazu gehören. Notiert.

____

____

____

2. Digitale Medien können bei der Berufswahl und Berufsfindung genutzt werden. Überlege, wie und wann du sie einsetzen kannst. Notiert eure Ergebnisse.

____

____

____

3. Sammelt eure Ergebnisse in der Klasse und notiert sie an der Tafel/am Smartboard.

Online nach einem Praktikumsplatz suchen

Lisa hat schon ein Praktikum gemacht und sucht gerade nach einem Platz für ein zweites Praktikum. Sie hat eine Potenzialanalyse gemacht und kennt ihre Stärken. Sie weiß, dass sie ein Praktikum machen will, bei dem sie ihre Stärken einsetzen kann. Deshalb sucht sie gezielt nach einem Praktikumsplatz in einer Bäckerei oder Konditorei in ihrer Region.

Firmen bieten auf ihren Seiten im Internet direkt Praktikantenstellen oder Ausbildungsplätze an. Es ist aber sehr schwierig, mit einer Suche im Internet alle infrage kommenden Praktikumsplätze in einer Region zu finden. Spezielle Portale sind bei der Suche eine große Hilfe, denn dort kann man gezielt Praktikums- oder Ausbildungsplätze nach Orten oder Regionen suchen.

1. Besuche im Internet die Seite www.ihk-lehrstellenboerse.de/. Dort findest du Praktikums- und Ausbildungsstellen. Suche nach einem geeigneten Praktikums- oder Ausbildungsplatz für dich.

2. Die Bundesagentur für Arbeit bietet eine App zur Suche nach einem Praktikums- oder Ausbildungsplatz an: www.arbeitsagentur.de/bildung/ausbildung/azubiwelt. Lade dir die App herunter und bewerte sie. Falls dir noch weitere Punkte zur Untersuchung einfallen, ergänze die Tabelle unten.

Das habe ich untersucht:	okay	nicht okay
Übersichtliche Struktur der App		
Suche nach Praktikumsplätzen in meiner Region möglich		
Suche nach Ausbildungsplätzen in meiner Region möglich		
Suche nach bestimmten Berufen möglich		

3. Auch die Handwerkskammern bieten die Möglichkeit, nach Praktikums- oder Ausbildungsplätze zu suchen unter www.lehrstellen-radar.de. Auf der Seite steht ebenfalls eine App zum Download zur Verfügung. Bewerte die Seite im Internet.

Das habe ich untersucht:	okay	nicht okay
Übersichtliche Struktur der Seiten		
Suche nach Praktikumsplätzen in meiner Region möglich		
Suche nach Ausbildungsplätzen in meiner Region möglich		
Suche nach bestimmten Berufen möglich		

Mit einer Firma oder Behörde Kontakt aufnehmen

Wenn du dich in der Schule mit deiner Lehrkraft unterhältst, verwendest du mit Sicherheit eine andere Sprache, als wenn du mit deinem Freund oder deiner Freundin sprichst. Es ist wichtig, in der jeweiligen Situation darauf zu achten, wie man sich ausdrückt. Wenn du eine Ausbildung beginnst, wirst du dich mit deinem Ausbilder oder deiner Ausbilderin anders unterhalten als mit deiner Familie.

Wenn du Texte an andere Personen schreibst, gibt es besondere Regeln. Wie du schreibst, richtet sich nach dem Empfänger der Nachricht. In einer E-Mail an deine Schulleitung nutzt du eine andere Sprache als bei einer Nachricht, die du an deinen besten Freund schreibst.

① Sehr geehrte Frau Müller, …

② Hey Alex, was geht …?

③ Hallo Frau Günther,

④ Ich hab' da null Bock drauf!

⑤ Mach's mal gut!

⑥ Mein lieber Mustafa …

⑦ Mit freundlichen Grüßen …

1 Die Texte in den Sprechblasen richten sich an unterschiedliche Empfänger. Ordne sie in die Tabelle ein.

Offizielle Anlässe (Firmen, Behörden, …)	Privates Umfeld

2 a) Ordne die folgenden die Aussagen zu. Verwende für offizielle Anlässe ein O und für private Anlässe ein P.

O	Hiermit entschuldige ich mein Fehlen aufgrund von starken Kopfschmerzen.
	Ich habe voll den Kater und kann heute nicht arbeiten gehen.
	Ich beziehe mich auf ihr Schreiben vom 12.1.2021 und …
	Was du da letztens gesagt hast, Alter, ist so krass …

b) Sammelt weitere Aussagen. Schreibt diese in die Tabelle und markiert diese.

Es ist soweit: Du willst dich bewerben. Zu einer Bewerbung gehört immer ein Anschreiben. Ein Anschreiben soll nicht länger als eine Seite sein.

Tipp

Tipps für mein Bewerbungsschreiben
- nicht länger als eine Seite
- nur eine Schriftart in Schriftgrad 11 oder 12
- linksbündig
- aktuelles Datum
- handschriftlich unterschreiben
- immer die Rechtschreibung prüfen lassen

1 Lade dir die Vorlage herunter und erstelle eine Bewerbung für einen Praktikumsplatz.

Webcode
WES-32687-401
Anschreiben
Bewerbung

Name und Anschrift	Laura Neumann Igelstraße 13 53111 Bonn 0176/2721311 L.Neumann13 @web.de
Name und Anschrift des Empfängers	Tier & Co. Zoostraße 32 53757 Sankt Augustin
Wohnort/Datum	Bonn, 26.07.2022
Betreff = ***fett***	**Bewerbung um einen Praktikumsplatz**
höfliche Anrede	Sehr geehrter Herr Löffler,
Klasse/Schule	zurzeit besuche ich die 8. Klasse der Fröbelschule, Förderschule der Stadt Bonn.
Wann? Wie lange?	Für den Zeitraum vom 12.09.2022 bis zum 30.09.2022 suche ich eine Stelle für mein dreiwöchiges Schülerbetriebspraktikum.
Gab es schon Kontakt?	Wie telefonisch mit Ihnen besprochen, sind Sie grundsätzlich bereit, Praktikanten in Ihrem Geschäft aufzunehmen.
Interessen und Stärken, die zum ausgewählten Praktikum passen.	Ich habe großes Interesse an unterschiedlichsten Haustieren, sowie deren Haltung und Pflege. Den Bereich Verkauf möchte ich näher kennenlernen. Zuverlässigkeit und ein offener und freundlicher Umgang mit anderen Menschen zählen zu meinen Stärken.
Bitte um einen Praktikumsplatz	Daher würde ich mich über die Gelegenheit freuen, mein Praktikum in Ihrem Betrieb absolvieren zu können.
Gruß	Mit freundlichen Grüßen
Unterschrift	*Laura Neumann*
Was gehört noch zur Bewerbung?	**Anlage**: Lebenslauf

Eine Bewerbung erstellen – Lebenslauf

Ein Lebenslauf gibt einen Überblick über dich. Die wichtigsten Informationen zu deiner Person werden kurz dargestellt. Ein Lebenslauf wird in tabellarischer Form erstellt. Die Informationen sollen für den Empfänger deines Lebenslaufs interessant sein. Wichtig ist, dass man bei der Wahrheit bleibt.

Webcode
WES-32687-402
Muster Lebenslauf

So gehst du vor:

① Lade dir die Vorlage für den Lebenslauf herunter.
② Trage deine Daten in die Vorlage ein und speichere das Dokument.
③ Markiere die ganze Tabelle, indem du mit dem Mauszeiger links oben in die Ecke der Tabelle gehst und mit gedrückter linker Maustaste den Cursor diagonal über die Tabelle in die Ecke rechts unten ziehst. Nun ist die ganze Tabelle grau markiert.
④ Gehe nun unter Start ▸ Absatz ▸ Rahmen und klicke an „kein Rahmen“.

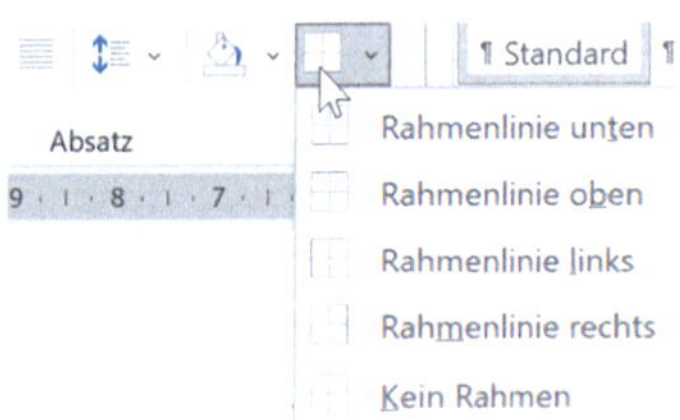

Lebenslauf

Persönliche Daten

Name:	Johanna Müller
Anschrift:	Rosenweg 11 33428 Harsewinkel
Telefon:	0179/12 34 56 78
E-Mail:	johanna.mueller@abc.de
Geburtsdatum:	14.10.2005
Geburtsort:	Hamburg

Schulbildung

2012-2016	Grundschule Neugraben, Hamburg
2016-2022	Pestalozzischule, Gütersloh
Voraussichtlicher Schulabschluss:	Hauptschulabschluss im Sommer 2022
Lieblingsfächer:	Biologie, Sport

Praktika und Arbeitserfahrungen

07/2020	Dreiwöchiges Ferienpraktikum auf dem Reiterhof Steenblock in Greffen
03/2021	dreiwöchiges Praktikum als Landwirtin auf dem Biobauernhof Nonnast in Gütersloh

Außerschulische Kenntnisse und Interessen

Kenntnisse:	Kutschenführerschein A (Ausbildung)
Hobbys:	Reiten, Kutsche fahren, Fahrradfahren

Harsewinkel, 20. Juli 2021 — Johanna Müller

⑤ Die Tabelle mit deinem Lebenslauf wird nun ohne Tabellenlinien angezeigt.

1 Markiere entsprechend farbig: Welche der folgenden Angaben gehören in einen Lebenslauf (grün) und welche Angaben gehören nicht hinein (rot)?

Lebenslauf | ~~Lebenslauf~~

- Telefonnummer der Eltern
- Freiwillige Feuerwehr
- Kindergarten
- Haustier
- Telefonnummer
- Party feiern
- Adresse
- Praktika
- Schwimmen
- Grundschule
- Haarfarbe
- Fremdsprachenkenntnisse
- Lieblingsessen
- eigene Emailadresse, die man selten abruft

2 Diskutiert eure Ergebnisse in der Klasse.

Eine Onlinebewerbung erstellen

Viele Firmen möchten heute keine Bewerbungsunterlagen mehr per Post erhalten. Sie erwarten von Bewerberinnen und Bewerbern, dass diese sich online bewerben. Dabei gibt es zwei unterschiedliche Wege.

1 Bewerbung per E-Mail

Eine Bewerbung per E-Mail ist eine normale Bewerbung, bei der sämtliche Unterlagen als Anhänge zu einer E-Mail versendet werden. Dazu müssen sämtliche Dokumente zunächst ausgedruckt und – falls erforderlich von Hand unterschrieben werden. Prüfe deine Bewerbungsunterlagen unbedingt auf Rechtschreibfehler. Dann bitte scannen und als PDFs abspeichern.

- Die Unterlagen sollten in der Reihenfolge Deckblatt, Anschreiben, Lebenslauf und Zeugnisse/Qualifikationen geordnet sein.
- Die eigene Emailadresse sollte aktuell sein und formal einer Bewerbung entsprechen, zum Beispiel aus dem eigenen Namen bestehen.
- Aus dem Betreff sollte klar hervorgehen, dass es sich um eine Bewerbung handelt und um welche Stelle man sich bewirbt.
- Der Text der E-Mail sollte kurz sein, da alles Wichtige im Anschreiben in der Bewerbung stehen sollte, die im Anhang mitgeschickt wird.
- Zur Übersichtlichkeit ist es besser, alle Dokumente in eine Datei zusammenzufassen. Dafür gibt es kostenfreie Apps, die aus mehreren PDFs ein Gesamt-PDF erzeugen.

2 Onlineformular

Die Bewerbung mittels eines Onlineformulars des Unternehmens funktioniert über eine sogenannte Maske. Auch bei einer solchen Bewerbung solltest du alle Unterlagen vorbereiten, damit du bei der Bewerbung sofort darauf zugreifen kannst

- In die Maske trägst du direkt die geforderten Daten ein und lädst entsprechende Unterlagen hoch. Bei dieser Form der Online-Bewerbung benötigst du deine Unterlagen als einzelne PDF. Die Dateien sollten nicht größer als 2 MB sein.
- In der Regel müssen alle mit einem * gekennzeichneten Felder ausgefüllt werden.
- Versuche, dich so gut wie möglich zu präsentieren, schließlich möchtest du den Ausbildungsplatz.
- Rufe nach dem Versenden deiner Bewerbung regelmäßig deine E-Mails ab und vergiss dabei nicht, in den Spamordner zu schauen, in dem alle Mails landen, die dein Mailprogramm als Werbung oder betrügerische Mail einstuft.

1 Überprüfe: Welche der folgenden Dateien sind sinnvoll benannt? Korrigiere, wenn nötig.

Lebenslauf_Susanne_Musterfrau.pdf ____________________

Anschreiben_Maxi_the_king.pdf ____________________

Abschlusszeugnis_Werkrealschule_Max_Mustermann.pdf ____________________

Lebenslauf_Max Mustermann.pdf ____________________

Praktikumsbescheinigung_Susanne Musterfrau.doc ____________________

2 Erstelle PDFs deines Bewerbungsanschreibens und deines Lebenslaufes für eine Bewerbung. Benenne diese entsprechend und schicke die PDFs als Anhang zu einer E-Mail testweise an deine Lehrkraft.

Neue Medien in der Ausbildung und im Beruf

Während deiner Ausbildung schreibst du ein Berichtsheft. Darin **dokumentierst** du, was du gearbeitet und gelernt hast. Berichtshefte können heute digital am Computer oder in einer App, aber auch in Papierform geführt werden. Für die Berufsschule solltest du schon einige Erfahrungen im Umgang mit neuen Medien mitbringen. Du hast in der Schule bestimmt schon im Internet **recherchiert**. Dir sind auch verschiedene Formen der **Kommunikation** vertraut, wie das Versenden von E-Mails mit Anhang oder das Verfassen von Texten am PC. Du hast gelernt, eine **Präsentation** mit einem Programm wie PowerPoint vorzuführen.

In den Bereichen **Dokumentation**, **Recherche**, **Kommunikation**, **Präsentation** und **Textverarbeitung** wirst du in fast allen Berufsausbildungen mit neuen Medien in Kontakt kommen.

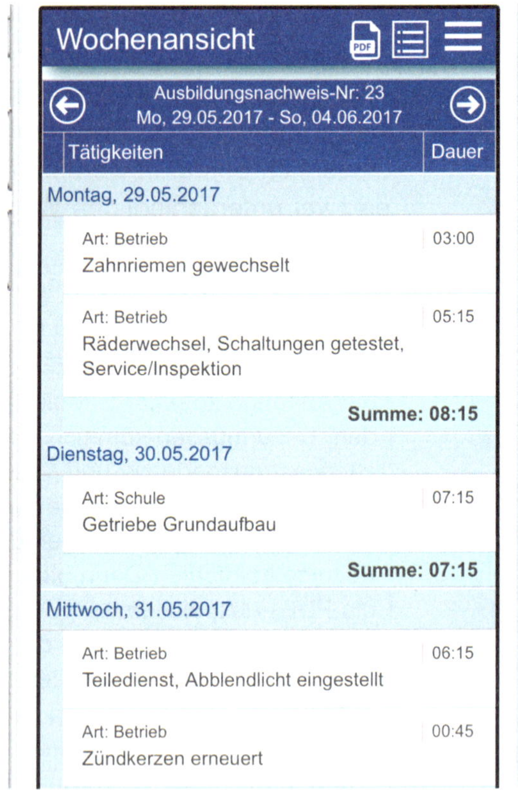

Ein Wochenbericht, erstellt mit einer App

1 Verbinde die Begriffe in den farbigen Kästen mit passenden anderen Begriffen. Zeichne Linien in der jeweiligen Farbe, also blaue Linien, um Begriffe mit dem Feld „Dokumentation“ zu verbinden, grüne Linien, um Begriffe mit dem Feld „Recherche“ zu verbinden und so weiter.

Power Point | E-Mail | Referat | Prüfungsvorbereitung

Dokumentation

Lernvideo | Anschreiben | Berichtsheft | Lebenslauf | Prüfung

Präsentation

Videokonferenz | Messengerdienst | Tätigkeitsbericht

Recherche

Tabelle anlegen | Arbeitszeit erfassen | Angebot schreiben | Tagesbericht | Kundengespräch

Kommunikation

Hausarbeit schreiben | Handout | Rückfragen stellen | Informationen finden

Textverarbeitung

2 Vergleicht eure Ergebnisse in der Klasse.

1 Nenne zwei Internetportale, auf denen Praktikumsplätze gesucht werden können.

____

____

2 Notiere drei Bereiche, in denen du im Rahmen einer Berufsausbildung mit neuen Medien arbeiten wirst.

① ______________________________

② ______________________________

③ ______________________________

3 Schreibe den Text, den Paul geschrieben hat, in einer angemessenen Sprache neu.

Ey Hr. Müller,

ich brauche schnell einen Praktikumsplatz bei Ihnen. Das wäre echt cool, die Lehrer stressen schon.

Hier haben Sie mal meine Nummer, sagen Sie an, wann ich da sein soll.

Bis denne! Paul

Sehr …

____

____

____

____

____

____

____

____

____

____

____

____

4 Schätze dich selbst ein und kreuze an.

Ich kann …	So schätze ich mich ein:
Sprache der Situation angemessen verwenden.	☹ 😐 ☺
einen Lebenslauf mit einem Schreibprogramm auf dem Computer erstellen.	☹ 😐 ☺
ein Bewerbungsanschreiben verfassen und formatieren.	☹ 😐 ☺
online nach Praktikumsplätzen und Ausbildungsplätzen suchen.	☹ 😐 ☺
Bewerbungsunterlagen dem Anlass entsprechend speichern und mich online bewerben.	☹ 😐 ☺

Lernen aus der Ferne

①

②

③

④

⑤

1 Überlege, was die abgebildeten Symbole bedeuten, und notiere deine Vorschläge.

2 Tausche dich mit einem Partner/einer Partnerin über eure Ergebnisse aus. Einigt euch auf je eine Definition.

3 Diskutiert in der Klasse darüber, wie die Zeichnungen mit dem Lernen aus der Ferne zusammenhängen.

Arbeit strukturieren

Vielleicht hast du es schon selbst erlebt: Du musstest viele Aufgaben für die Schule zuhause am Computer erledigen. Dabei hast du den Überblick verloren, was du schon erledigt hattest und was noch zu tun war. Es ist besser, seine eigene Arbeit planvoll einzuteilen. Teile dir deine Arbeit in mehrere Portionen ein. So kannst du dabei vorgehen:

① Übersicht verschaffen
Geben dir deine Lehrkräfte – wegen einer Krankheit oder wegen Homeschooling – verschiedene Arbeitsaufträge, sichte zunächst alle Materialen.
Nummeriere die einzelnen Aufträge in den verschiedenen Fächern. So weißt du, wie viele Aufträge in jedem Fach anstehen.

② Abwechslung einplanen
Sich ständig mit einem Thema auseinanderzusetzen, wird rasch langweilig. Bearbeite jeden Tag verschiedene Fächer, aber maximal so viele, wie du Schulstunden an dem Tag hättest.

③ Einen Plan festhalten
Fertige in deinem Schreibprogramm eine Art Stundenplan für die Woche an, in welchen du die einzelnen Aufträge einträgst.

④ Pausen und Zeiten festlegen
Lege den Beginn und das Ende deiner Arbeitszeit fest. Du benötigst auch Pausen. Trage die Pausen ebenfalls in deine Übersicht ein. Orientiere dich dabei an deinem Schultag.
Tipp: Stelle die Pausen im Wecker deines Smartphones ein.

⑤ Erfolge sichtbar machen
Streiche erledigte Aufgaben in deiner Übersicht ab.
Tipp: Nutze dafür die Durchstreichfunktion in deinem Schreibprogramm.

Webcode
ES-32687-501
Muster
Wochenplan

1 Lade dir das Muster für einen Wochenplan herunter und erstelle in deinem Schreibprogramm einen Plan für dich.

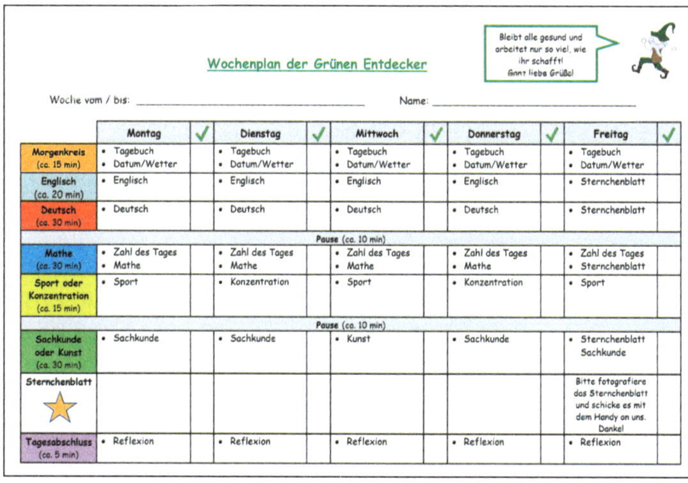
Wochenplan der Grünen Entdecker

Bleibt alle gesund und arbeitet nur so viel, wie ihr schafft! Ganz liebe Grüße!

Woche vom / bis: ____________ Name: ____________

	Montag	✓	Dienstag	✓	Mittwoch	✓	Donnerstag	✓	Freitag	✓
Morgenkreis (ca. 15 min)	• Tagebuch • Datum/Wetter		• Tagebuch • Datum/Wetter		• Tagebuch • Datum/Wetter		• Tagebuch • Datum/Wetter		• Tagebuch • Datum/Wetter	
Englisch (ca. 20 min)	• Englisch		• Englisch		• Englisch		• Englisch		• Sternchenblatt	
Deutsch (ca. 30 min)	• Deutsch		• Deutsch		• Deutsch		• Deutsch		• Sternchenblatt	
Pause (ca. 10 min)										
Mathe (ca. 30 min)	• Zahl des Tages • Mathe		• Zahl des Tages • Mathe		• Zahl des Tages • Mathe		• Zahl des Tages • Mathe		• Zahl des Tages • Sternchenblatt	
Sport oder Konzentration (ca. 15 min)	• Sport		• Konzentration		• Sport		• Konzentration		• Sport	
Pause (ca. 10 min)										
Sachkunde oder Kunst (ca. 30 min)	• Sachkunde		• Sachkunde		• Kunst		• Sachkunde		• Sternchenblatt Sachkunde	
Sternchenblatt ☆									Bitte fotografiere das Sternchenblatt und schicke es mit dem Handy an uns. Danke!	
Tagesabschluss (ca. 5 min)	• Reflexion		• Reflexion		• Reflexion		• Reflexion		• Reflexion	

Eine Cloud nutzen

Zur Weitergabe von Daten (Texte, Bilder, Videos, Musik) zwischen mehreren Personen bzw. Computern werden häufig sogenannte Clouds eingesetzt. Dabei werden Daten über das Internet auf einem Server (Datenspeicher) gespeichert, der in Deutschland oder in jedem anderen Land stehen kann. Nach Eingabe des Benutzernamens und eines Kennwortes können die Daten jederzeit wieder abgerufen und bearbeitet werden.

Bei allen Anbietern musst du dich registrieren. Stellt dir die Schule eine eigene Cloud zur Verfügung, erhältst du von der Schule deinen Benutzernamen und dein Passwort.

Für die Nutzung der Cloud bestehen mehrere Möglichkeiten. Durch die Installation eines Cloudprogrammes wird auf dem eigenen Computer ein eigener Ordner mit dem Namen der Cloud erzeugt. Alle Daten, die du in diesem Ordner kopierst oder abspeicherst, werden bei bestehender Internetverbindung in die Cloud hochgeladen.

Möchtest du von einem anderen Gerät (zum Beispiel von einem PC in der Schule) auf deine Daten in der Cloud zugreifen bzw. Dateien in die Cloud laden, musst du dich über den Internetbrowser bei dem Anbieter der Cloud anmelden.

1. Schritt	**2. Schritt**	**3. Schritt**
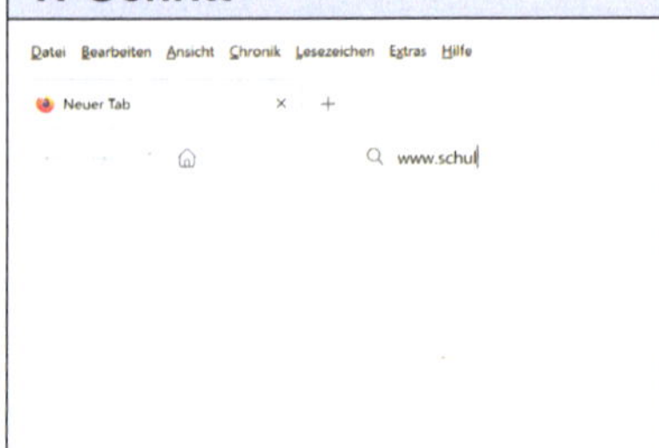		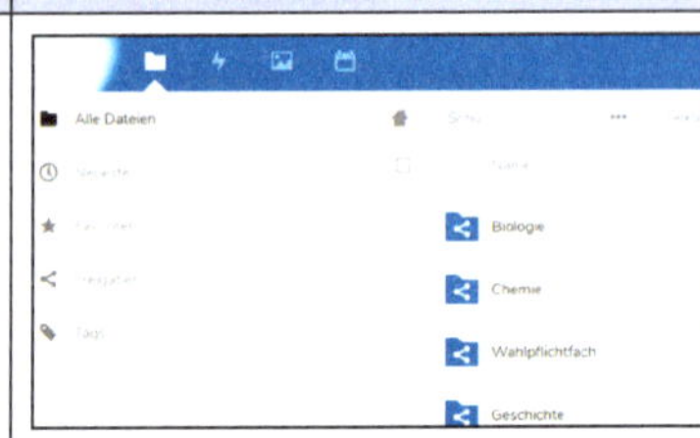
Gib im Browser die Adresse deines Cloudanbieters ein.	Gib deinen Benutzernamen und dein Passwort ein.	Anschließend siehst du alle Dateien in deiner Cloud.

Nachdem du dich bei deiner Cloud angemeldet hast, kannst du auch Dateien mit anderen Personen teilen. Klicke dafür auf das Symbol, welches auch beim Smartphone üblich ist. Nach deiner Freigabe kann die eingeladene Person ebenfalls auf die Datei zugreifen. So können Daten beispielsweise mit Freunden oder mit Lehrkräften geteilt werden.

1. Macht in eurer Klasse ein Interview mit eurer Lehrkraft. Einigt euch vorab, wer das Interview führen soll. Mache dir Notizen.

Hat die Schule eine eigene Cloud?	
Über welche Adresse kann ich mit dem Smartphone oder von zuhause auf die Cloud zugreifen?	
Wie erfahre ich meinen Benutzernamen und mein Passwort?	

2. Lade ein Bild von Dir in deine Cloud und teile das Bild mit einem Mitschüler oder einer Mitschülerin.

Download – was man beachten sollte

Auf zahlreichen Seiten im Internet werden dir Dateien (z. B. Spiele, Programme, Texte, Videos, Bilder) zum Download angeboten. Das englische Wort „Download“ bedeutet „herunterladen“. Bei einem Download werden Dateien aus dem Internet auf den eigenen PC heruntergeladen. Dort kann man sie für die spätere Nutzung speichern. Abhängig von der Internetverbindung und der Dateigröße dauert der Download wenige Sekunden bis viele Stunden.

Wenn du Dateien aus dem Internet herunterladen möchtest, solltest du auf einige Dinge achten:

Webcode
ES-32687-502
ideo
ipps zum
ownload

Download von einer vertrauenswürdigen Seite

- Sei vorsichtig, wenn du von unbekannten Seiten Dateien herunterlädst und öffnest. Gegebenenfalls kann eine solche Datei schädliche Software enthalten. Auf deinem PC sollte ein Virenschutzprogramm aktiv und auf dem aktuellen Stand sein. Dann wirst du gewarnt, bevor du Schadsoftware installierst, die im schlimmsten Fall alle Daten auf deinem PC löschen kann.
- Achte auf die Download-Geschwindigkeit. Sie hängt vor allem von der Internetverbindung ab. Aus diesem Grund solltest du Dateien nur mit einer stabilen Internetverbindung herunterladen. Andernfalls dauert das Herunterladen sehr lange oder wird abgebrochen.
- Wenn du mit dem Smartphone Dateien aus dem Internet herunterlädst, verbrauchst du Datenvolumen. Je nach Größe der Datei und deinem Datenvolumen reicht ein Download aus, dein gesamtes Datenvolumen für einen Monat aufzubrauchen.

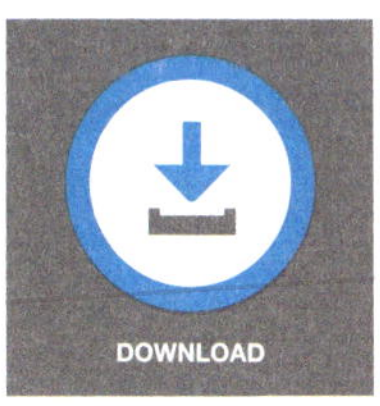

Das Ausführen eines Downloads ist nicht schwierig. Zum Starten musst du meist einen Button (engl. für Schaltfläche), auf ein Downloadsymbol oder einen entsprechenden Link klicken. Der Download startet daraufhin meist automatisch. Lädst du Programme oder Spiele herunter, wirst du gefragt, ob die Datei gespeichert oder ausgeführt werden soll.

Die heruntergeladene Datei befindet sich meist im Ordner „Downloads“ des entsprechenden Benutzers. Je nach Browser werden dir heruntergeladene Dateien in einer Zeile am unteren Rand des Browsers oder oben rechts in der Adressleiste angezeigt. Dort kannst du sie direkt anklicken und öffnen.

1. Gehe auf die Homepage von Klicksafe: https://www.klicksafe.de/materialien/. Lade auf der Seite ein Material deiner Wahl herunter.

2. Suche auf deinem Computer den Ordner „Download“ und überprüfe, ob das Material von Klicksafe dort zu finden ist.

E-Mails abrufen, versenden und Dateien anhängen

Um eine E-Mail versenden zu können, brauchst du eine eigene E-Mail-Adresse. Um deine E-Mails auf deinem PC empfangen oder versenden zu können, musst du entweder das E-Mail-Programm starten oder dich im Internet bei deinem Webmail-Dienst über den Internetbrowser anmelden. Die weit verbreiteten E-Mail-Programme wie Microsoft Outlook oder Mozilla Thunderbird und auch die bekanntesten Webmail-Dienste wie Gmail oder GMX haben alle ein unterschiedliches Aussehen. Dennoch finden sich auf der Startseite überall ähnliche Elemente. Es werden dir verschiedene Ordner angezeigt:

- ein Ordner **Posteingang** mit den Mails, die an Dich geschickt wurden,
- ein Ordner **Postausgang** mit den Mails, die du verschickt hast;
- ein Ordner mit **gelöschten Mails**;
- ein Ordner **Entwürfe**; dort kannst Du Mails speichern, die noch nicht fertig sind, und die du später versenden willst;
- ein Ordner mit dem Namen **Spam** oder **Junk** (eng. für Müll). Dort landen Mails, die als nicht vertrauenswürdig eingestuft werden. Du solltest diese Mails besser nicht öffnen, es sei denn, du kennst den Absender und die Mail ist aus Versehen in diesem Ordner gelandet.

Eine E-Mail abrufen

Die E-Mails werden im Ordner **Posteingang** mit dem Namen des Absenders, der Uhrzeit und dem Betreff angezeigt.

Üblicherweise steht die zuletzt eingetroffene Mail an erster Stelle. Du kannst im E-Mail-Programm bei den Einstellungen festlegen, wie lange die Mails in dem Ordner „Posteingang“ bleiben sollen.

Eine E-Mail versenden

Beim Versenden einer E-Mail gibt es verschiedene Möglichkeiten. Du kannst direkt auf eine Mail, die du erhalten hast, antworten. Dazu musst du nur die Schaltfläche „Antworten“ anklicken. Du kannst aber auch eine neue E-Mail schreiben. Dazu musst du auf „Neue E-Mail“ oder „Verfassen“ klicken. Du kannst die E-Mail dann an eine einzelne Person schicken oder gleichzeitig an mehrere Empfänger. Welche verschiedenen Möglichkeiten es beim Versand einer Mail gibt, wird auf der rechten Seite erklärt.

Dateien an eine E-Mail anhängen

Du kannst an eine E-Mail Dateien anhängen, zum Beispiel Fotos, Worddokumente oder PDFs. Die Anhänge dürfen eine bestimmte Größe nicht überschreiten. Meistens liegt die Grenze bei 20 MB Datenvolumen. Wenn du die Büroklammer anklickst, kannst du die gewünschten Dateien von einem Speicherort in der Cloud oder auf deiner Festplatte als Anhang auswählen. Durch das Klicken auf die Datei fügst du sie ein.

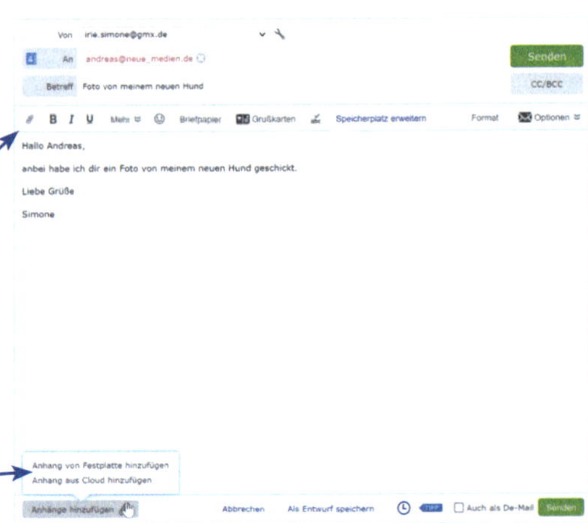

Worauf man beim Versenden einer E-Mail achten sollte

1 Trage in Bild unten die Nummern der zugehörigen Erklärungen ein.

Webcode
ES-32687-503
deo
Mails
rsenden

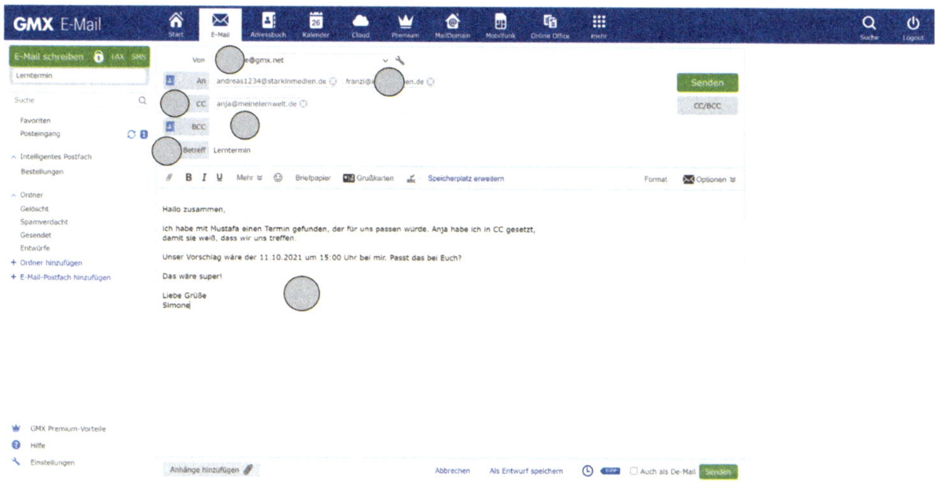

⑦	Im Feld „**Von**“ steht deine E-Mail-Adresse als Absender. Der Absender ist für alle Empfänger sichtbar.
②	Im Feld „**BCC**“ besteht die Möglichkeit, die Mail an Personen zu senden, die nicht sehen können, an wen die Mail unter BCC noch gesendet wird. Die Empfänger unter „An“ und „CC“ sehen ebenfalls nicht, an wen du sie unter „BCC“ noch geschickt hast.
⑤	Im Feld „**Betreff**“ gibst du den Grund deiner E-Mail, eine Art Überschrift, an.
①	Im Feld „**An**“ gibst du den Empfänger an, für den deine E-Mail bestimmt ist. Ist die E-Mail, wie im Beispiel, an mehrere Personen adressiert, kannst du mehrere Personen im Feld „An“ eingeben.
③	Im Feld „**CC**“ kannst du Personen setzten, die die E-Mail zur Kenntnis nehmen sollen, ohne dass sie direkt an sie adressiert ist. Du versendest an sie eine Kopie der Mail. Die Adressaten auf Feld „An“ und Feld „CC“ sehen jeweils, an wen die E-Mail versendet wurde.
④	Im **Textfeld** verfasst du den eigentlichen Text. Achte darauf, dass du eine den Adressaten entsprechende Anrede und Grußformel verwendest. Achte auch beim Verfassen deiner E-Mail auf deine Rechtschreibung.
⑥	Wenn du auf „**Senden**“ klickst, wird deine E-Mail abgeschickt. Jetzt hast du keine Möglichkeit mehr, die Mail zurückzuholen.

2 Entscheide: richtig (R) oder falsch (F)? Kreuze an.

Aussage	R	F
Ich kann E-Mails an verschiedene Personen gleichzeitig senden.		
Ich kann so viele Anhänge, wie ich möchte, an eine E-Mail anhängen.		
E-Mails, die ich aus Versehen gesendet habe, kann ich ohne Probleme zurückholen.		

Lernvideos erstellen

Du hast sicher schon einmal ein Lernvideo angeschaut. Darin wird ein bestimmtes Thema kurz und verständlich erklärt. Auch du kannst ein Lernvideo erstellen. Du musst dabei nur einige Dinge beachten.

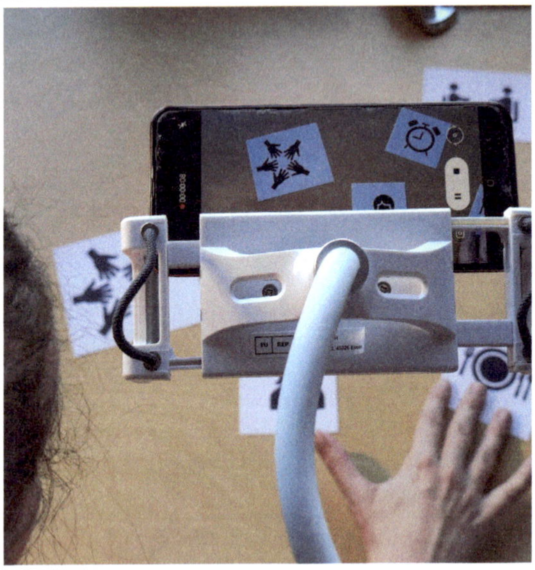

Wenn du allein an einem Thema arbeitest und etwas nicht verstehst, kann dir ein passendes Lernvideo weiterhelfen. Es gibt mittlerweile auf den bekannten Videoportalen Lernvideos zu fast allen denkbaren Themen.
Lernvideos können von überall aus angeschaut werden. Versteht man die Erklärungen im Video nicht sofort, kann man sich das Lernvideo auch mehrfach ansehen und beim Schauen stoppen. Nachfragen sind im Rahmen eines Lernvideos allerdings nicht möglich. Deswegen ist es wichtig, dass Lernvideos die Inhalte anschaulich und verständlich darstellen.

Wie du ein Lernvideo gestaltest, hängt von der Technik ab, die dir zur Verfügung steht. Außerdem kommt es darauf an, welches Thema du bearbeiten willst.
Beiträge im Nachrichtenformat von Logo sind genauso möglich wie Erklärvideos, die du mithilfe eines Präsentationsprogramms wie etwa PowerPoint erstellst. Es ist auch möglich, ein Lernvideo mit der Kamera deines Handys zu filmen. Du kannst in diesem Fall etwas auf Papier oder mit vorbereitetem Material erklären. Dabei benutzt du deinen Tisch als Hintergrund und befestigst die Kamera in der Mitte darüber – am besten geht das mit einem Stativ.
Im Internet findest du außerdem viele Beispiele und Apps, mit denen ganz unterschiedliche Lernvideos erstellt werden können.

Tipp

Bevor du ein Lernvideo erstellst, ist eine gute Planung wichtig. Folgende Punkte solltest du beachten:
1. Was ist das Ziel meines Lernvideos?
2. Welche Technik steht mir zur Verfügung?
3. Welches Programm benutze ich?
4. Wie stelle ich mir den Ablauf meines Lernvideos vor?
5. Welche Materialien benötige ich zur Veranschaulichung meines Themas?

Ganz wichtig: Lernvideos sollten nicht zu lang sein, drei bis sechs Minuten reichen aus.

1 Finde Vor- und Nachteile von Lernvideos und notiere.

Vorteile	Nachteile

Erstellen von Lernvideos mit PowerPoint

Tipp

Erinnere dich, was du zur Gestaltung von PowerPoint-Präsentationen gelernt hast:
- nur so viel Text wie notwendig,
- viel Bildmaterial einfügen,
- nutze die Animationen des Programms, um die Seiten während des Erklärens nach und nach aufzubauen.

Webcode
ES-32687-504
deo
stellen eines
rnvideos
owerpoint

Kurzanleitung zum Erstellen von Lernvideos mit PowerPoint

- Erstelle zunächst eine PowerPoint-Präsentation zu deinem Thema. Durch die Erarbeitung deiner Präsentation legst du dabei bereits den Ablauf fest.
- Sprich nun über das Mikrofon am Computer oder ein externes Mikrophon deinen Text zur Präsentation ein.
  Tipp: Du kannst jede Folie – solltest du nicht zufrieden sein – neu besprechen.
- Exportiere nun alle Folien als Film im Format mp4 und speichere ihn ab.
- Lade deinen Film auf den in deiner Klasse abgesprochenen Datenträger.
- Zeige deiner Lerngruppe das Video.

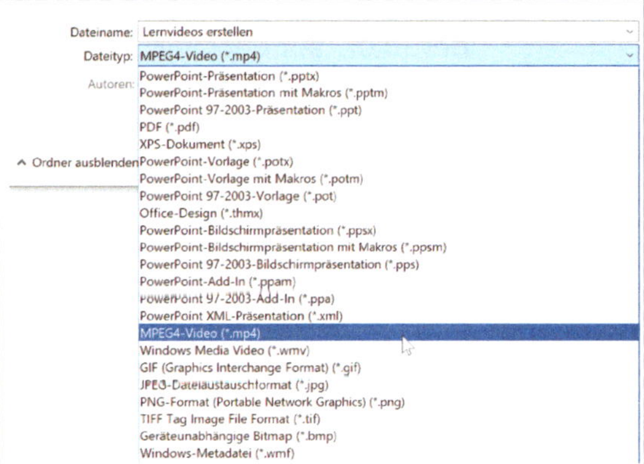

1 Lies die Anleitung und rufe das Lernvideo über den Webcode auf. Ist für dich gut umsetzbar, was in „Ein Lernvideo mit PowerPoint erstellen“ zu sehen ist? Begründe.

____

____

____

2 Erstelle ein eigenes Erklärvideo zum Thema „Anleitung zum Erstellen von Lernvideos“.

3 Präsentiert eure Lernvideos in der Klasse. Gebt euch gegenseitig Rückmeldungen, die für weitere Lernvideos hilfreich sind.

1 Löse das Kreuzworträtsel.

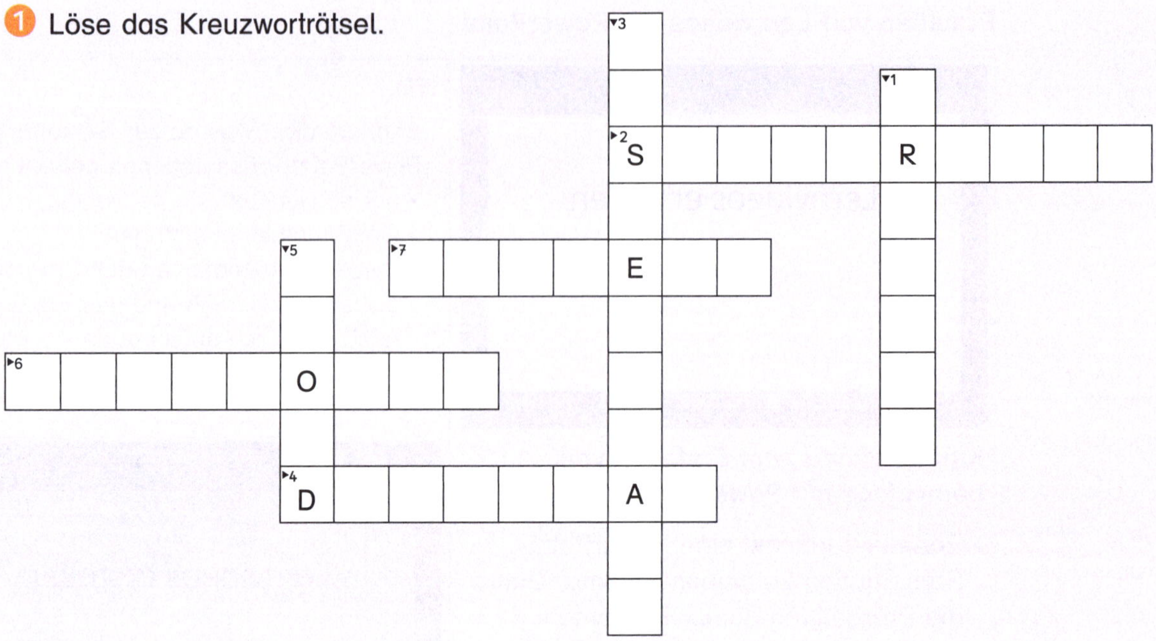

Waagerecht
2. Unsichere E-Mails werden in welchem Ordner angezeigt?
4. Lädt man etwas aus dem Internet herunter, spricht man von einem ...
6. Heruntergeladene Dateien findet man im Ordner ...
7. Den Grund deiner E-Mail gibst du im ... an.

Senkrecht
1. Um das Internet zu nutzen, benötigst du einen ...
3. Neue E-Mails werden in welchem Ordner angezeigt?
5. Um Dateien von mehreren Geräten aus zu nutzen, benötigt man eine ...

2 Was bedeuten die Symbole? Notiere.

3 Schätze dich selbst ein und kreuze an.

Ich kann ...	So schätze ich mich ein:
mir einen für mich passenden Arbeitsplan erstellen.	☹ 😐 ☺
eine Cloud nutzen.	☹ 😐 ☺
Dateien downloaden.	☹ 😐 ☺
Emails abrufen und versenden, auch mit angehängten Dateien.	☹ 😐 ☺
Lernvideos mit PowerPoint oder dem Handy erstellen.	☹ 😐 ☺